让家人
吃出健康

自 己 打 造 食 品 安 全 小 环 境

— 全新修订版 —

范志红　著

北京联合出版公司
Beijing United Publishing Co.,Ltd.

目　录

第三章　厨房把好健康关

第六章　在外吃饭要当心

自　序

合理饮食，将健康握在自己手中

时尚的现代人，无论是儿童、青年还是中老年，都时常会被各种健康问题困扰，特别是正在孕育和哺育宝宝的妈妈们和为家人买菜做饭的主妇主夫们。他们往往会被种种健康劝告、营养信息和保健产品弄得不知所措，又被各种环境污染信息和食品安全事故吓得草木皆兵。

如何在这个混乱的饮食世界中找到生存之道，远离各种恐慌和纠结，让全家人都能远离四处蔓延的现代病呢？

其实，在现代人中出现祖辈中不曾出现的各种健康问题，一点也不令人意外。要知道，人类的遗传、代谢功能是在百万年来的进化中渐渐形成的，而个体的体质特点则是在幼年的生活中定型的。30多年来的经济发展，改变了我们的生活方式和饮食内容，却不可能改变代谢机制，也很难改变个人的体质特点。因此，剧烈变化的生活状态，与祖先留下的身体固有机制之间不可能不发生剧烈的摩擦。

按照自然的机制，人应当日出而作、日落而息，而非每日工作娱乐直到深夜；应当每日糙米、青菜，少量肉蛋，而不是饼干、蛋糕、膨化食品、甜饮料、方便面塞满胃肠；应当每天在空气新鲜、树绿草绿的环境中出力流汗，而不是终日在空调房里陷在电脑椅中，紧盯电脑屏幕……

"时尚"的生活，使我们远远地脱离自然，与遗传因子期待的生活方式背道而驰，不可避免地卷入所谓"亚健康状态"的旋涡，终为各种各样的慢性疾病所苦。肥胖、脂肪肝、高血压、糖尿病、冠心病、痛风、骨质疏松、阿尔茨海默病……越来越多的人加入到病人大军中，甚至很多未成年人也被"三高"纠缠。

即便没有罹患这些疾病，很多人也已经感受到青春不再、活力不足，每天疲乏不堪、头昏脑涨、消化不良、难以入眠、脸色暗淡、皮肤松弛，甚至连孕育一个健康的宝宝也成了难事。

其实，问题的核心往往惊人地简单——若要恢复生命的活力与心灵的健康，根本的办法就是尽力回归接近自然的生活方式，过朴素而协调的生活。

无法改变超市中加工食品的品质，至少可以选择天然形态的食物，特别是蔬菜、水果、豆类和奶类，远离用面粉、油和糖制成的各种饼干、甜点，以及用糖、香精和色素制成的甜饮料和小食品。每天精心为自己和家人烹调三餐，是现代生活最大的奢侈之一。

无法改变工作午餐和经常的宴请，至少可以选择清淡的菜肴，并在回家后补充杂粮、蔬菜来弥补不均衡的营养。吃营养充足、少油、少盐、少糖的食物，自然能远离发胖的威胁，降低血糖和血脂上升的风险。

无法改变已被污染的大环境，至少可以少摄入鱼、肉、海鲜，因为它们的环境污染物含量最高。多吃蔬菜、水果、杂粮、豆类，有助于身体减少对污染物的吸收，提高身体对毒物的处理能力。同在不安全的世界里生存，饮食健康的人能比别人生存得更好、更安全。

无法改变巨大的工作、学习压力，至少可以提高食物的营养密度，远离增加身体负担的食物，从而提高身体的抗压能力。合理的饮食会让头脑的高效思维更为持久，餐后不再昏昏欲睡，心情也更加平和愉悦。

无法改变办公室久坐的生活方式，至少可以每周运动3次，在强化心肺功能的同时，让身心舒展开来，还可以把运动融入生活，把乘电梯改成爬楼梯，把开车改成走路，把小时工做的家务改成自己来做。每天至少进行半小时的有氧活动，腰腹就会日益紧实，身材就会恢复青春状态，偶尔享用浓味美食也不用担心肥肉上身。

真正重视健康的人，绝不会被惰性和迷茫所困，放任自己和家人在亚健康的黑洞中一再沦陷。其实，远离文明社会的流行病，并不需要一身绝顶功夫，只需要一些实实在在的知识，再加上一些踏踏实实的行动。这本书的内容，就是给您提供日常生活中有实效的健康饮食信息，比如——

怎么安排三餐？怎么选择食材？

怎么合理烹调？怎么储藏食物？

压力状态下的饮食该注意什么？

慢性病患者的饮食该如何设计？

出门聚餐如何健康点菜？

如果您关心这些话题，不妨翻看本书，细细读一读。

仅仅读过还不够。光阴似箭，日月如梭，生命中的每一天都无比重要。孩子的成长不能等，老人的健康不能等，自己抵抗衰老也不能等，您一定要早日策划和实施一个又一个生活质量改变计划，让健康的食物占据全家的餐桌，让健康的生活成为每天的常规。到那时，您一定会收获越来越多的喜悦和自信——因为全家人都能从您的努力中获益。

无须抱怨，无须纠结，只须行动。合理饮食，可以帮我们将健康牢牢握在自己的手中。

第一章　饮食安全是健康的先决条件

食品中存在的不安全因素

烹调油里可能有哪些毒？

从地沟油、酸价超标到检出致癌物，烹调油的安全性一直都是人们关注的焦点。很多朋友都在问，炒菜使用的油里到底会有哪些不安全因素呢？我的确不是食品安全专家，只能用食品科学专业的基础知识来解答这个问题，顺便也帮大家分析一下，除了致病菌、寄生虫和微生物毒素之外，食品中的不安全因素来源还包括哪几个方面。

若要列出油脂里有毒物质的嫌疑名单，那可是很长的一页。其中有的是"天生之毒"，有的是环境污染或农药污染之毒，还有的是储藏或加工过程中引入的有害物质，甚至是非食用的掺假物质。

油料种子里的天生之毒

人们日常吃的油脂，有的来自含油的植物种子，也有的来自动物的脂肪组织（肥肉、板油）或者乳脂（比如黄油）。所谓天生之毒，就是植物天然含有的毒素。比如说，棉籽油里会含有棉酚，菜籽油里含有硫甙和芥酸，大量食用对人体都会有危害，所以国家才会推广栽培低棉酚、低芥酸的品种。

农药污染和环境污染之毒

植物长在田里，既会吸收农田和灌溉水中的污染物，如铅、砷、汞、镉等，也会吸收难分解的农药残留物质，比如六六六，以及大豆、油菜和花生栽培过程中的常用农药和除草剂。不过，油脂原料是植物的种子，在同等污染水平下，种子的污染程度会比根、茎、叶部分要低一些——植物也有爱子之心,它不愿意把坏东西留给后代。

油籽收获之后,还可能在储藏过程中被污染。其中最常见的是储藏条件不理想导致的种子长霉,也就是污染霉菌毒素。人们最耳熟能详的,也是毒性最大、致癌性最强的霉菌毒素就是黄曲霉毒素。大米、玉米、花生和各种坚果都容易被黄曲霉污染,所以用它们榨的油都必须监测黄曲霉毒素的残留量。收获之后的储藏、晾晒过程中也可能沾染一些有害物质,比如马路上的沥青散出的气体或微粒、汽车的尾气和橡胶路面摩擦产生的致癌物;和农药、除草剂等堆放在一起也可能造成化学污染。

油脂加工中可能引入的毒

油籽制油加工的过程,同样可能产生污染。压榨加工是直接物理压榨出油,不会引入溶剂污染,相比而言所产油脂质量较好,特别是那些有浓郁香气的油脂,最适合用这种方法生产。比如说花生油和芝麻油,它们不需要脱色、脱臭处理,否则反而会损失香味。不过,大部分油脂要经过脱胶、脱色、脱臭、脱酸等精炼处理,在这个过程中,需要用白陶土、硅藻土之类来过滤,如果这些物质的质量较差,就可能引入重金属污染;还需要用酸、碱和有机酸处理,如果这些加工助剂的质量不过关,也可能引入化学污染。

在压榨之后,肯定不可能把所有的油都压出来,榨过油的饼粕里还有不少油脂,这时候就必须用溶剂来提取了。有些油脂含量低的材料,比如黄豆、米糠、玉米胚等,直接压榨很难出油,只能靠溶剂提取。这些溶剂都是和油脂最"亲"的东西,比如六号溶剂油等,能很彻底地把油提取出来。这些溶剂也都是易于挥发的物质,只要稍进行加热就蒸发掉了,冷凝收集起来还可以循环利用,而留下的就是不容易挥发的植物油了。这样生产油脂的方法,就叫作浸出法。当然,多少会有一丁点儿溶剂残留下来,但是只要工艺得当,溶剂本身质量过关,最后产品中的溶剂残留微乎其微,不会达到有害健康的程度。

浸出法提取的油脂,也要经过精炼处理。在这一系列复杂处理的过程中,会损失一部分维生素E和胡萝卜素,并去除磷脂和植物固醇,降低了油脂的营养价值。同时，因为某些环节的处理温度比较高，还会有少量的脂肪酸发生顺反异构，生成反式脂肪酸。所以，大部分精炼植物油，即便没有经过氢化，也会含有百分之零点几到零点零几的反式脂肪酸。按照我国法规，不超过0.5%的反式脂肪酸可以合法地标示为零，而新鲜合格的精炼植物油几乎不可能超过这个数值，所以无须担心。

无论加工前后，油脂都有一件最怕的事情——氧化酸败。榨油原料在储藏过程中容易被氧化，榨好的油储藏久了也会被氧化。氧化从少量自由基开始，逐渐"燎原"，产生大量的氧化酸败产物，油脂就会产生不新鲜的味道，乃至有明显的"哈喇味"，这种油脂中含有大量有毒物质。其实早在出现味道之前，油脂中氢过氧化物的增加，已经使其具有促进人体衰老的作用。这方面的质量好坏，要用过氧化值来判断。油的销售周期比较长，为了避免氧化带来的麻烦，企业通常都要在油里添加抗氧化剂，最常用的就是"特丁基对苯二酚"（TBHQ），也就是方便面里喜欢加的那种物质，此外还有BHA、BHT等。这些都是国家许可使用的抗氧化剂，不必因为化学名称奇怪而产生恐惧。

最后，油脂会分装出厂，此时还要小心劣质包装材料可能带来的污染，因为很多污染物都易溶于油脂。

厨房里制造出来的毒

把油脂买回家之后，除了储藏过久容易发生氧化之外，还有一个最大的危险来源——烹调加热中产生的有害物质。加热的时间越长，温度越高，产生的有害物质和致癌物就越多。300℃以上的加热，即便是短时间，也会产生大量的致癌物苯并芘。日常炒菜时，加热时间越长，油脂中产生的苯并芘就越多。同时，油脂加热时间越长，其中的反式脂肪酸就越多，氧化、聚合、环化等的产物也越多，它们均严重有害健康。

最令人害怕的，一是餐馆里反复加热的炒菜油，二是曾经"过火"的炒菜油。过火就是炒菜或颠勺时锅里着火，一些厨师不以为意，甚至觉得很"酷"、菜品很香，其实过火后留下的"烟糊味"有油脂过热后产生的微粒，其中致癌物苯并芘的含量甚高。炒菜后锅垢中也富含这类致癌物。油脂加热时所冒的烟气"含"致癌物质，不管是油炸时的油烟，还是烤羊肉串、烤肉的烟气，经常接触都会增加肺癌发生的风险。

事故和掺假带来的毒

如果食品加工过程中出现了事故，很可能会污染到产品。在油脂的污染事故中，最为著名的当属1968年日本米糠油污染事件，它被列为世界"八大公害事件"之一。当年某食用油工厂生产米糠油，在脱臭过程中用多氯联苯液体作为导热油。因生产管理不善，导热油泄露，结果导致米糠油被多氯联苯污染，造成1600多人（1978年统计数据）中毒的惊人事件。1979年，台湾地区也发生了类似米糠油污染事件，有2000多人受害。

至于人为的掺假，本来不应当成为讨论的话题，但多年以来确实存在。比如在烹调油中兑入地沟油（处理后的烹调废油），或者在调味油中加入本不属于食用色素的苏丹红，都是典型的"人工掺毒"了。2008年以来，随着我国食品安全法规政策的出台和实施监督管理能力的增强以及检测水平的大幅度提升，这种情况已经很少见了。

@ 范志红_原创营养信息

有人说："吃东西还要动脑子，太累。"但如今食物越来越复杂，"技术含量"越来越高，我们也必须与时俱进。不学习吃的学问，就难以健康生存。

现在的挑战是，在一个不完全安全的世界里，在摄入多多少少有点污染的食物的情况下，怎么吃才能更健康、更有活力地活下去。我们吃的绝大多数食品都不纯净，不是含有环境污染物质，就是饲料里有污染成分，或者生产过程中添加了化学物质。但只要不超出人体的解毒能力和清除能力，我们仍然可以健康地活着。提倡健康生活，就是为了提高我们自身的能力，从而在污染的世界里活得更好。

美味肉食中的健康隐患

　　尽管人们总是对蔬菜上可能残留的农药耿耿于怀，对隔夜的剩蔬菜十分担心，但相较于这些，香肠、火腿、培根之类的肉类加工品隐忧更多。肉类加工品的制作通常需要添加亚硝酸钠，还有多种添加剂，如磷酸盐、植物胶质、人工色素、增味剂、肉类香精等。

　　拿亚硝酸盐来说，尽管《北京市食品安全条例》中已禁止餐饮业使用它（但还有很多小城市和广大农村地区并未将其纳入严格的管理），但目前，无论世界上哪个国家，肉类加工品的工业化生产中几乎都会添加亚硝酸盐。不过，现代化的肉制品企业和小摊贩不一样，他们定量精准，不会过量添加，而且普遍会添加维生素 C 来帮助肉制品中的亚硝酸盐分解发色。只要生产管理到位，肉制品中亚硝酸盐的残留量可以很低，甚至达到 10 毫克 / 千克以下，与隔夜剩菜水平相当，远低于国家标准许可的 30 毫克 / 千克。

　　但是，即便如此，加工肉制品对于患癌风险的影响程度，和剩蔬菜完全不是一个等级。目前没有数据能够证明吃隔夜菜会增加患癌风险。按目前国外研究的汇总分析，每周吃 500 克以下的红肉并不会增加患癌风险。然而，加工肉制品似乎没有安全量，增加患癌风险是肯定的，因此，世界卫生组织建议"避免吃加工肉制品"。在分析了来自 10 个国家的大约 800 份研究报告之后，2015 年，世界卫生组织下属的国际癌症研究机构(International Ageing for Research on Cancer，IARC)将加工肉制品列入了"一级致癌物"名单。

　　为什么会有这样的差异呢？人们感觉难以理解。一项研究给出了一些启发。这项研究发现，如果把亚硝酸盐和胺类物质放在一个不含脂肪的反应体系中，然后加入维生素 C，维生素 C 就会强效抑制多种致癌物的生成，例如二乙基亚硝胺的合成就会被完全抑制。然而，如果在反应体系中加入 10%的脂肪，结果就会完全逆转——维生素 C 的存在，不仅不能抑制致癌物生成，甚至还有强烈的促进作用，比如二乙基亚硝胺的合成量增加 60 倍！我看到这个实验结果的时候，感到非常震惊。

　　加工肉制品这类美味食品，不仅富含蛋白质，提供了致癌物生成的底物，还有丰富的脂肪，在维生素C存在的状态下，进一步促进致癌物的生成。它们比新鲜的肉更加危险，其中的亚硝酸盐已经分解，而致癌物却可能隐藏其中，哪里还能谈得上好处。

　　从这个研究，我又联想到我们日常所吃的剩蔬菜。如果它是煮菜、焯拌菜，含有维生素C和亚硝酸盐，但脂肪含量很低，尚不太令人担心。如果是炒菜，其中放油很多，再和肉一起炒，或者菜在肉汤里浸泡着，那么，岂不是提供了合成致癌物的好机会？

　　此外，还有很多动物性食品是熏烤、煎炸而成，烤鱼、烤肉串、烤香肠的香气永远会让人食指大动。可是，鱼、肉类中的蛋白质，在加热到200℃以上时会产生杂环胺类致癌物，而其中的脂肪在加热到300℃时会产生多环芳烃类致癌物，比如臭名昭著的苯并芘。由于无法控制温度，不能避免局部过热，明火烤制和熏烟烤制的鱼、肉美食几乎无法避免苯并芘超标的麻烦，即便是"家乡传统制作"也一样无法保证安全。同时，许多餐馆在制作煎炸食物时所用的油，也不可避免地受到长时间的高温加热，不仅黏稠油腻，还含有多种有毒的裂解产物、聚合产物和环化产物，长时间的煎炸本身就是制造"地沟油"的过程。

　　无论如何，膳食中过多的蛋白质、脂肪都不利于健康。在同样的致癌物水平下，摄入蛋白质和脂肪更多的人，很可能受害更大。《中国健康调查报告》中，动物性食物摄入过多促进癌症发生的研究结果，与其说是归罪于乳制品，还不如说是在提示我们不要过度追求动物性食品，不要过分追求油腻厚味的所谓"美食"生活。

烤制鱼、肉会产生致癌物吗？

很多网友向我提问，我家烤鸡翅、烤鱼都要用到烤箱，温度为180℃～200℃，空气炸锅和电饼铛也都很热，用这些高温烹调的方式来烹调肉类，会不会产生致癌物？

你把烤箱的温度调到180℃，也就是说烤箱内热空气的温度是180℃。但是，热空气只接触到食物的表面，并不能深入内部。所以，实际上食物的内部温度要低得多。

大部分食物蛋白质变性的最低温度是60℃～70℃，食物内部达到这个温度，已经可以使肉类食物不再为红色，使鱼肉变熟、鸡蛋液凝固。因为肌红蛋白变性，红色的血红素变成褐色的高铁血红素，红色的牛羊肉类变成淡褐色，颜色较浅的鸡肉变成白色。这时候，就是俗话说的"熟了"。

按照食品加工的标准，肉类食物中心部位达到72℃的时候，食物就算是熟了，不需要达到100℃。同样，加热剩饭、剩菜时，当食物中心部位达到72℃的时候，食物就算是得到充分加热了。事实上，很多时候，块状食物表面已经达到八九十摄氏度甚至更高，而中心部分其实还没有热起来。所以，如果不是糊状的半流体食物，比如汤里有成块的鱼、肉等，那么仅仅加热到汤汁沸腾，是不能达到充分杀菌的效果的。

瘦肉含有70%左右的水分，水的比热容大，升温慢。而烤制肉类的时候，表面的蛋白质受到高温的作用会首先变性凝固。当表面温度达到100℃时，表面的水分也会蒸发。这些都是吸热过程，能阻止食物内部温度快速升高。同时，由于食物的外层水分因蒸发而减少，而食物中心的水分较多，这就形成了一个水分梯度，食物中心的水分就会向外移动。

理论上来说，水分循着梯度逐渐向外转移并蒸发，会让食物整体变干。但是，因为食物表面的蛋白质已经凝固、变干，形成了一个硬壳结构，就像面包皮。这个硬壳会减慢传热速度，也封住了里面的水分，让食物中心不容易变干。所以，当表面温度达到100℃时，中心温度还远达不到72℃。所以，等到食物中心部分达到72℃的时候（这时还没有达到水的沸点），就赶紧把烤肉取出来，看到的就是"外脆里嫩"的效果了。

有些朋友可能会问，我怎么知道食物中心的温度会不会过高呢？别忘记，水的沸点是100℃。如果食物中心温度真的达到180℃，哪里还会剩下水分？早就蒸发了。水分都没了，鸡肉的中心部分就也是硬邦邦的了。

不过，外脆里嫩的效果，只能说明中心部分不产生致癌物，而无法保证表层部分的安全。只要温度超过120℃，就会产生丙烯酰胺类物质（一种疑似致癌物，但毒性不高）；到了200℃，含蛋白质的食物就会产生杂环胺类致癌物。对含有脂肪的食物来说，再升高温度，还会产生苯并芘等多环芳烃类致癌物。

由于烤箱是控温加热的，所以只要你调节温度不超过200℃，表面也没有焦糊，那么产生的杂环胺类和多环芳烃类致癌物就微乎其微。几十年前就有测定发现，用烤箱烤制羊肉串产生的苯并芘的含量，只有炭火烤制的十几分之一到几十分之一。炭火烤没法控温，难免出现黑色的焦糊物质。

对没有经验的烹调者来说，最好使用能够定时控温的设备来烤制食物。中高档的小烤箱、空气炸锅和电饼铛都有烤鸡翅的程序或方案，只要按说明书操作，合理设置参数，烤制的时候就能保证不会过热，自然也就不会产生杂环胺和多环芳烃类致癌物。关键是这些小家电能够自动断电，也不会因为你没有在厨房守着它而使食物焦糊，这一点特别重要。

不过，丙烯酰胺这种物质比较难以避免。它是美拉德反应的副产物，在加热到120℃以上时就会产生，而且和食物的色泽、香气等有密切关系。如果你觉得鸡翅香气扑鼻、颜色红褐，那么表面部分肯定有比较强的美拉德反应发生。幸好，这种物质毒性不高，国际许可摄入量非常大，吃几片烤肉或几个烤鸡翅是不会超标的。相比之下，薯条、薯片和带面包渣的煎炸食品更需要担心。

用烤箱烤制时，推荐用锡箔纸包裹肉类。锡箔纸和肉之间会形成空隙，其中充满热蒸汽，能避免肉的外表面水分过度散失，而且，因为是连蒸带烤，温度不容易过度上升，也能减少有害物质的产生。

在使用电饼铛或空气炸锅烤制食物时，假如你按照产品说明书上建议的程序操作，那么烤出的颜色会是恰到好处的黄色，味道香浓、内部柔嫩、表面不会达到深褐色的程度，内部也不会发黄、发褐。这样至少能够保证，丙烯酰胺的含量不会过高。相对而言，空气炸锅的升温速度比较快，水分散失也比较多，所以它更需要精准控制加热时间。因为在水分含量下降的情况下，产生丙烯酰胺类物质的速度会更快。

我们更需要担心的是明火、炭火烤制的肉类。这些制作方法无法控制温度，也无法避免局部过热，所以不可避免地会产生多种致癌物，包括杂环胺、苯并芘等多环芳烃以及丙烯酰胺。

所以，相对而言，使用能够控温、控时的烤箱和电饼铛烤制鱼、肉类食物最为安全。烤到颜色金黄、表面香脆即可，不要让肉类过热，产生明显的黑色焦糊部分，否则就难免含有致癌物了哦！

温馨提示：吃烤制鱼、肉类食品的时候，配合生的绿叶蔬菜、番茄酱、柠檬汁和各种香辛料等，有利于降低致癌物的危害。

越暗黑，越危险？

2015年9月，台湾曝出一条新闻，说美容界特别推崇的"黑糖"（就是颜色比较深一些的红糖）中含有大量致癌物。一时间沸沸扬扬，很多热爱黑糖水、黑糖饼干、黑糖曲奇、黑糖蛋糕，以为这些能美容养颜的女性们，都没了主意。

黑糖中到底有什么致癌物呢？我一听就明白了，肯定是丙烯酰胺。它的一个特点，就是与食品在烹调加工之后颜色变深有密切关系。

果然，打开相关信息一看，说道台湾《康健》杂志测试了19种黑糖相关产品，结果发现所有样品均含有丙烯酰胺，而且有些产品含量颇高。其中，有7个样品超过了1000微克/千克，含量最高的是一个号称"传统制作"的黑糖样品，达到了令人咋舌的2740微克/千克。为什么说这个含量令人震惊？因为在以往的食品检测中，很少有样品会超过炸薯片中的丙烯酰胺含量（按香港的测定数值，约为680微克/千克），而这个样品中的含量居然是薯片含量的4倍多！

动物实验表明，丙烯酰胺具有潜在的神经毒性、遗传毒性和致癌性，所以人们需要控制摄入的食品中丙烯酰胺的含量。不过，目前流行病学研究并未确认丙烯酰胺的摄入量与多种癌症风险之间的关联，而膳食调查获得的数据与人体内丙烯酰胺代谢产物的生化标志物之间的关联度也不强。因此，还不能说只要摄入丙烯酰胺，就一定会增加致癌危险。但是，毕竟这种物质属于"疑似致癌物"，比较明智的态度是，在日常生活中注意控制丙烯酰胺的摄入量。

很多人不理解，为什么农家按"传统方式"制作的黑糖，却含有那么高水平的丙烯酰胺呢？这就要从这种物质的来源说起了。其实这种物质是食物发生"美拉德反应"时的一个副产物，而"美拉德反应"是食物加工烹调时产生香气和深浓颜色的关键。

只要食物中同时含有碳水化合物（淀粉、糖）或脂肪，以及蛋白质（氨基酸或氨基酸降解产生的胺类），那么无论是煎、烤、红烧、油炸等烹调操作，还是食品加工时的加热处理，都可能会发生"美拉德反应"。绝大多数食品都或多或少地含有这些成分，所以只要加热到一定程度，就会发生反应，肉眼所见的效果，就是食物的颜色变深。反过来说，食物在加热中颜色变得越深，"美拉德反应"就越"厉害"，"顺便"产生的丙烯酰胺也就越多。

民间传统的手工制糖工艺会把甘蔗碾碎、取汁，然后长时间地熬煮糖汁。这个熬煮过程，会让糖汁不断浓缩，颜色逐渐变红，乃至变黑，而且散发出浓浓的香气。很多地方传统特产的"土糖"都有颜色重、味道香的特点，而这种令人陶醉的特殊香味和很深的颜色，正是"美拉德反应"的结果。（说到这里很想补充一句，古人没有食品安全风险评估机制，也没有有害物质检测方法，很多自古传承的"传统工艺"做出来的食品，并不如想象中那么安全。）

相比之下，机械化生产制作白糖的过程中，在加热糖汁的时候会加入澄清剂，主要是钙盐，还要加用来漂白的二氧化硫，它们都会抑制"美拉德反应"的发生。而且，制作白糖时，会尽可能除去甘蔗汁中的蛋白质等蔗糖以外的成分，从而减少了"美拉德反应"的反应物，因此就不会有那么多丙烯酰胺产生。不过，去掉了包括蛋白质在内的"杂质"，糖的营养价值就下降了，而少了"美拉德反应"，就没有美妙的香气和深重的颜色产生。

和含有少量钙、铁和其他微量元素的红糖相比，白糖（包括绵白糖、白砂糖、冰糖等）的微量元素少到可以忽略不计，甚至被列入"垃圾食品"的范畴中。它固然没有高水平的丙烯酰胺，却是世界上最令人担心的饮食健康隐患之一。大量研究表明，摄入过多白糖有害健康，所以，它显然不是黑糖、红糖等的替代选择。

2015年，世界卫生组织发出忠告，劝告人们最好把每天在膳食中添加的糖限制在25克以下，最多不能超过50克。不仅包括白糖，也包括了红糖。世界卫生组织的食物污染物工作报告（WHO Technique Report Series 959）中的丙烯酰胺摄入量界限值是180微克/公斤体重。按这个数据，一个体重50千克的女性，每天的安全摄入量极限值是9000微克丙烯酰胺。显而易见，如果喝一杯200克的黑糖水，按10%的糖计算，黑糖的含量为20克，摄入的丙烯酰胺含量为54.8微克，距离9000微克还有很大的距离，完全无须恐慌。

不过，考虑到食物中还有那么多丙烯酰胺的摄入来源，人们也绝对不能因此放松警惕，认为红糖可以无限量地享用。常见的食物丙烯酰胺来源包括焙烤食品、油炸食品、煎烤食品、膨化食品等，也包括日常炒菜、红烧等烹调方法制作的食品。

常见食物中丙烯酰胺的平均含量大致如下（节选自：WHO Technique Report Series 930）：

常见食物	样品数	丙烯酰胺的平均含量（单位：微克/千克）
馅饼和饼干	1270	350
早餐谷物	369	96
婴儿食物（饼干、甜面包干等）	32	181
比萨	58	33
谷物和意大利面，生的或者煮熟的	113	15
牛奶和乳制品	62	5.8
油炸土豆片	874	752
油炸土豆条	1097	334
烤土豆	22	169
土豆泥、煮土豆	33	16
生的、煮熟的和罐装的蔬菜	45	4.2
加工过的（烤箱烘烤、多士炉烘烤、油炸火烤）蔬菜	39	59
水果（果干、油炸过的、加工过的）	37	131
新鲜水果	11	<1
坚果和油籽	81	84
咖啡（研磨咖啡、速溶咖啡或者烘焙咖啡，而不是煮好的咖啡）	205	288
咖啡提取物	20	1100
脱咖啡因的咖啡	26	668

从数据中可以看出，含量最高的居然是咖啡提取物，因为它经过高度的焙烤（既含有高浓度的丙烯酰胺，又含有微量的苯并芘等致癌物）。新鲜蔬菜、水果本来含有的丙烯酰胺微乎其微，但经过处理，含量就明显上升了。土豆做成土豆泥时丙烯酰胺很少，但做成油炸土豆片之后含量就大幅上升。某些蔬菜在加热后产生的丙烯酰胺也不可忽视，根据一项香港检测，大众喜爱的烤西葫芦、烤青椒、烤茄子所含的丙烯酰胺分别为 360 微克 / 千克、140 微克 / 千克和 77 微克 / 千克。

　　研究发现，对同一种食物而言，油炸、烤制时食物越薄、受热温度越高、受热时间越长，烹调加工之后颜色就会变得越深，"美拉德反应"就越剧烈，产生的丙烯酰胺也就越多。相比之下，还是蒸煮食物比较安全。

　　2012 年曾有新闻曝出，根据英国食物标准局（Food Standards Agency）的检测，包括薯片、速溶咖啡和薄脆饼干等在内的 13 种食品中的丙烯酰胺含量有上升趋势，为此许多知名食品公司都遭到了警告。咖啡这种每天摄入量较少的嗜好性食品也就罢了，最令人担心的是，人们发现婴幼儿专用饼干的丙烯酰胺含量也很高。考虑到很多家长都乐于用饼干、蛋糕甚至薯片来博婴幼儿开心，有的家长也会给婴幼儿喝红糖水，这不禁让人忧虑，以婴幼儿尚未发育成熟的解毒功能，到底能不能对付这么多丙烯酰胺呢？

　　2013 年，香港食物安全中心的相关报告提示，香港市民每日膳食中平均摄入的丙烯酰胺含量为每公斤体重 0.21 ～ 0.54 微克，暴露限值为334 ～ 1459 微克；而内地居民每日膳食中平均摄入的丙烯酰胺含量为每公斤体重 0.286 ～ 0.49 微克，暴露限值为 367 ～ 1069 微克。这已经超出了世界卫生组织提出的 0.18 微克/公斤体重的界限，这是因为中国人喜欢吃炒菜，也喜欢吃各种油煎、油炸、炭烤、焙烤的食物，烹调过程中产生的丙烯酰胺较多。

　　总之，红糖水并不是毒药，仅仅一杯红糖水也不会造成丙烯酰胺摄入过量。但是，如果你想喝红糖水，那就更有理由提醒自己远离煎炸食物、饼干、蛋糕、锅巴、薯片等零食，烹调温度也应该适当降低。如果能够做到这些，不仅不会有害，也许还会有利于营养平衡。

@ 范志红_原创营养信息

　　如果贪恋爆炒、红烧的美味，那就尽量远离甜食，再用杂粮、薯类替代一半精白主食。要记住这个令人震惊的秘密：若任由自己的餐后血糖升高，同时又吃进去大量蛋白质，体内也会缓慢发生"美拉德反应"哦！

食品中的毒素你怕不怕？

前几年，网络上疯传番茄里面含有尼古丁，引起了很多人的惊慌。专家辟谣说，番茄里面的尼古丁含量甚微，和香烟无法比拟。但是，此后又有传言，说蘑菇中含有尼古丁，茄子和土豆中也含有这种毒素，您是否会感到害怕呢？

其实，很多食物中都含有天然毒性成分。比如人们熟知的发芽变青的土豆中含有龙葵碱（也叫茄碱）；许多蘑菇中含有毒肽；黄豆和豆角中含有血凝集素；鲜黄花菜中含有秋水仙碱；河豚鱼当中含有河豚毒素；蕨菜中含有微量致癌物原蕨苷，等等。只不过，人们以前很少听说食物中含有尼古丁这种物质，所以感到有点紧张。

其实，也没有什么好担心的，因为日常的食物毕竟是祖先用生命帮我们做过实验的，是毒性较小、口感较好、相对比较安全的东西。多数野生植物都含有较多的有毒成分，或者影响消化、吸收的成分，所以不能经常食用，只能当作药材，偶尔用于治病——所谓是药三分毒嘛。

这里再详细地说一说多种食物中含有的尼古丁。

尼古丁是一种常见的生物碱，有剧毒。我们从小就看到科普书上写着，一匹活蹦乱跳的马，只要静脉注射8滴尼古丁，就能令其死亡；一支香烟中所含的尼古丁提取出来，注射到小鼠体内也能令其死亡。香烟的味道会让各种动物和昆虫避而远之，因为它们本能地知道烟草有毒。但是，尼古丁有强烈的成瘾作用，吸烟者如此迷恋烟雾，主要也是因为它。尼古丁令人兴奋，又令人镇静。它能使血压升高，有害于心血管健康。

其实，除了烟草之外，人们早就发现其他茄科植物中也含有尼古丁。茄科植物中，有很多品种都为人类钟爱并大量栽培，比如美味的茄子、番茄和甜椒，调味品的宠儿辣椒，被欧洲人当作主食的土豆，还有素有保健美名的枸杞，都属茄科门下。甚至，早在1852年，就有人发现腐烂的土豆中含有尼古丁。

此后有学者对食品中的尼古丁含量进行了测定，发现按干重计算，土豆皮中的尼古丁含量可高达14.80毫克/千克，而去皮土豆中的尼古丁含量则低于检测限量（1毫克/千克）。番茄果实中的尼古丁平均含量是2.31毫克/千克，茄子是2.65毫克/千克，青椒是3.15毫克/千克。

听起来，番茄果实中的尼古丁含量似乎并不低，但由于数据是按干重计算，而番茄含水量高达95%，所以实际含量要除以20，也就是0.12毫克/千克。经过加工烹调之后的番茄产品和土豆产品中，尼古丁含量均低于检测限量，基本可以忽略不计。

毒理学资料显示，尼古丁对人体的半致死量是0.1 ~ 0.5毫克/公斤体重，按其低限来算，50公斤体重的人需要摄入5毫克才会有生命危险。而要吃进去5毫克的尼古丁，需要吃将近50千克的番茄才行。去皮土豆中的尼古丁含量更低，即便带皮吃土豆，因为皮所占比例很低，平均含量仍然非常低。所以说，担心吃番茄和土豆造成尼古丁中毒，实属杞人忧天。

令人惊讶的是，尽管绿茶中尼古丁含量较低，但袋泡茶中的尼古丁含量却相当可观。研究者测试了两个品牌的国外产品，一个的尼古丁含量是15.26毫克/千克，另一个则高达23.52毫克/千克。不过，因为日常泡茶所用的茶叶量非常少，每天不过几克而已，和1千克差得太多，每天喝两三杯茶，摄入的尼古丁总量几乎可以忽略不计。

即便含量低，总有些人会担心"万一少量有毒物质长期积累怎么办"。其实无须担心，因为尼古丁在人体内代谢降解的速度非常快。否则就没法解释，为何吸烟者每天吸入那么多的烟，如果把每天所吸烟中的尼古丁提取出来做静脉注射，其数量远远超过了致死量，烟民却能够存活几十年之久。这正是因为尼古丁是一次少量摄入，然后快速进行了解毒、代谢。

还有，近期有研究表明，有的蘑菇中所含尼古丁的含量较高。欧盟食品安全局（European Food Safety Authority，EFSA）收到的研究资料证明，牛肝菌和块菌等野生蘑菇中的尼古丁浓度高达0.5毫克/千克。但进一步的研究发现，其中的尼古丁是菌类自身的天然代谢产物，并不是尼古丁杀虫剂的污染残留。鉴于菌类的每日摄入量很少，其中的尼古丁不太可能对人类健康造成威胁。

人类吃这些食物已经好几百年了，事实证明它们都有益健康，又何必因为尼古丁的传言而怀疑铁一般的事实呢？世界上几十亿人已经为您充当实验小白鼠了。

正好有一项最新研究，可以彻底打消人们对番茄中含有尼古丁问题的疑虑——研究证明，对于暴露于二手烟中的处于怀孕、哺乳期的实验动物来说，番茄汁对动物宝宝还有保护作用！研究发现，在出生后42天时，受到1毫克/公斤体重剂量的尼古丁的影响，新生小白鼠的肺容量和肺泡厚度会有明显下降，但如果同时食用了番茄汁，这种不良影响就会被消除，和未受污染的动物达到同等水平。

按照这项研究所用的番茄汁剂量，每天只需要喝大约1杯半番茄汁（约375毫升）就足以提供足够的番茄红素来保护一个体重60千克的怀孕的成年女性。所以说，番茄不仅不会带来尼古丁危害，反而能够保护人们，降低被烟草毒害的风险！

所以，听到一种食物中含有某种有毒物质，千万不要立刻惊慌起来，要先问几个问题：

（1）这种有毒物质含量有多高？能达到明显产生有害作用的程度吗？如果含量甚低，基本上无须担心。世界上的有毒物质无处不在，关键是剂量多少。即便是砒霜，吃得足够少就不会中毒，甚至还能治病。

（2）含有这种有毒物质的食物，每天能吃多少？是经常吃吗？如果吃的量非常小，或者并不经常吃，被它毒害的可能性也就很小，比如烧烤，一年吃几次是没事的，经常吃则令人担心。

（3）这种有毒物质在烹调加工中能分解吗？如果它容易分解、溶出，就不用太担心。比如豆角虽然含有毒素，但煮熟之后就不再威胁健康。

（4）这种有毒物质在体内会长期积累，还是会很快分解排除？如果不会在体内蓄积，那么只要第一次吃的时候没有中毒，今后也无须担心。

（5）这种食物中，除了有毒物质，还含有其他有益成分吗？如果其中有益成分的含量很低，营养价值很差，那么一定要远离它；如果它除了微量毒物还含有大量的健康成分，总体效果是促进健康的，比如番茄已经被证明有助于预防癌症和心血管病的发生，又何必因为小毒而拒绝它呢?

（6）除了这种食物，您还吃了什么其他食物? 即便膳食中某种食物含有微量毒素，如果能够配合大量有益食物，保证整体的膳食健康，也无须太过担心。比如说，吃烤肉的同时，还配合大量的蔬菜、水果、薯类等，能够部分消除烤肉中致癌物的影响。

（7）您的整体生活方式健康吗? 积极锻炼、心情快乐、营养平衡和新鲜空气，都能让您提高对抗有毒物质的能力!

回答完这7个问题之后，相信您对于食品的担心会少了很多吧!

@ 范志红_原创营养信息

或许多年教育的失败之一，就是培养出非此即彼的思维。要么英雄，要么恶人;要么有毒，要么保健;要么可以大吃特吃，要么一口都不能吃……这种贴标签式的思维不摒弃，饮食很难健康，科学理性也难以建立。

大环境被污染

大环境污染相当于在饭碗中下毒

民以食为天。我们可以不穿时装、不看电视，但不能不吃食物。食物为我们提供养分，食物的质量更决定着我们的健康。然而，在这个已经被人类污染的世界，如何避免环境污染转移到我们的食品中呢？

仅仅担心害怕是不够的，必须搞清楚这样一个问题：大环境污染是哪里来的？

多数人回答说，是工厂产生的废水、废气和废渣。实际上，工业污染只占总污染源的41%，生活污染则占59%。据统计，每个都市人一天中要制造1千克垃圾、200千克废水和20克日用化学品。

每个都市人都是污染的制造者。由于消费者没有垃圾分类的意识，每年有大量废弃药品、污染物污染了水源和土壤；由于人们爱吃烧烤食品和煎炸食品，使大量致癌烟气进入大气；由于人们使用含磷洗衣粉和各种日用化学品，河流湖泊受到污染，鱼虾奄奄一息……

即使是那些产生污染物质的工厂，也是因我们的需要而存在。我们需要它们提供现代生活的享受，提供方便与舒适。我们得意洋洋地穿着皮革厂生产的时髦皮衣，漫不经心地浪费着造纸厂生产的纸张，自然而然地使用着电镀厂生产出的各种亮晶晶的器皿……

不要以为这些事情与我们无关，因为排污只是悲剧的开幕式——

土壤和水源中的难分解污染物会顺着植物的根系进入农作物，空气中的污染物会随着降雨落在叶面，或是直接通过气孔进入叶片，然后悄悄地潜伏在水果、蔬菜、粮食当中。这些被污染的农产品有的直接来到集贸市场，被购物的主妇们买给家人食用；有的被运到食品厂，变成包装精美的饼干、蛋糕、面包、饮料，然后被小朋友们当成零食快乐地分享。在商品经济高度发达的今天，人们无法控制自己食物的原料产地，也就是说，即使污染地区远在千里之外，当地生产的食品却可能摆在我们的餐桌上。

有人会想，这些被污染的食物不适合人类食用，但是可以给动物们做饲料。这种做法实际上更为愚蠢——动物有富集污染物质的能力。如果给鸡饲喂受污染的饲料，所生鸡蛋中污染物的浓度可以上升40倍；而被污染水域中养殖的水产品可以将污染物浓缩万倍之多。在人们得意地享受鸡鸭鱼肉、海鲜河鲜之时，却不知自己已把大量的污染物质送入了腹中。

按照生态学的基本定律，如果环境中存在难分解污染物，比如说铅、砷、汞、多氯联苯、六六六等，那么越是处于高营养级的动物，体内的污染水平就越高。也就是说，如果水里有污染，那么水藻就会受到污染，吃水藻的小鱼会浓缩水藻中的污染，而吃小鱼的大鱼又会浓缩小鱼体内的污染。一条大型食肉鱼一天就能吞下千百条小鱼，所以它们积累污染物质的速度最快。同理，猪吃植物性的饲料，那么它体内的污染水平一定比饲料中的污染水平高很多。如果我们大量吃猪肉，那么我们体内的污染水平又会比猪高得多，这就叫作生物富集和生物放大作用。

同样，鱼、肉内的化学药物残留水平绝不亚于蔬菜和水果，因为动物饲料也是在被污染的农田中生产的，照样有农药、除草剂等农用化学药品的残留，其中的难分解成分会积累在动物体内。而在饲养动物的过程中，各种兽药、杀菌剂、饲料添加剂等化学物质也会或多或少地进入动物身体，从而间接地进入人体。

所以，那些鼓励吃鱼吃肉的国内外人士，毫无例外都强调要吃"有机肉"，还要低温烹调，最小程度地加工，正是基于以上种种原因。

我们的"幸福生活"破坏了自然环境，更威胁了自身的安全。每个人都应当醒悟过来：无论哪里受到污染，都与我们餐桌上的食物有关。制造污染就是在我们的饭碗里下毒！

@ 范志红_原创营养信息

　　30年来，法规、管理和工艺都进步了很多，媒体监督和消费者意识都强了很多。但环境污染之严重，不是短期能够改变的事情。环境污染是食品安全的第一大威胁，也是长期存在的威胁。与之相比，被媒体炒作的"食物相克"或"防腐剂使用"远没有那么值得担心。

　　在被污染的世界上，不吃食物必定无法生存，只有吃得健康才能更好地保护自己。怎么合理地吃，充分发挥天然食物的健康作用，在这个污染时代就显得更为重要。

看不见的病菌和寄生虫

小心海鲜河鲜吃出病来

我经常觉得人们对食物的态度很不公平。对喜欢吃的东西,什么都能宽容。麻烦也好,昂贵也好,危险也好,千难万险也要吃。对不太爱吃的东西,什么都可以成为不吃的理由。

前几年,我在上课时曾经问过很多学生和学员,如果多喝牛奶会增加患癌风险,你们还愿意喝吗? 80%的人说,不喝了。然后我又问,如果多吃肉类会增加患癌风险,你们还愿意吃吗? 90%的人说,还要吃,少吃几口就是了。如果我问,如果多吃虾蟹贝类会增加患癌风险,你们还愿意吃吗? 答案是,当然还要吃! 为什么呢? 因为太好吃了。

这海鲜河鲜,好吃是好吃,营养价值也的确挺高,可是麻烦也相当大。这些麻烦大致可以归结为5个类别:致病菌、寄生虫、重金属等各种环境污染、过敏和不耐受,还有增加某些疾病的患病风险。

先说说致病菌和寄生虫吧。我查了一下国内外的文献,发现在螃蟹、虾、贝中发现的致病菌可真不少,还有诸如病毒之类致病性很强的病毒。就拿螃蟹来说,臭名昭著的副溶血性弧菌、霍乱弧菌、李斯特菌、致病性大肠杆菌等多种致病菌,都有文献表明在螃蟹里发现过。特别是弧菌,普遍存在于河鲜海鲜中,夏秋季节尤甚。一旦中招,轻则呕吐、腹泻、腹痛两三天,重则需要急救。

每一个人的消化系统和免疫系统的能力都不同,对致病菌的反应也不一样。如果胃分泌胃酸的能力很强,肠道免疫功能也很强,能消灭食物中的绝大部分微生物,那么引起麻烦的可能性就小。而对于消化能力弱、胃酸分泌不足、肠道分泌型IgA能力低下的人来说,如果烹调火候不足,没有彻底杀菌，或者用餐时喝大量饮料、吃大量水果，稀释并缓冲了胃液，食物中的致病菌就很容易活着通过胃而进入肠道，导致细菌性食物中毒。所以，胃肠功能较弱的人，尤其要量力而为，少吃海鲜河鲜。

同时，寄生虫引起的麻烦也不可小觑。在虾、蟹、螺等水产品中，还可能有管圆线虫、肺吸虫等寄生虫。吃醉螺、醉蟹之类时，危险很大，烹制不熟也可能让寄生虫的囊蚴漏网。前几年，有几十个患者因为吃未彻底烹熟的螺肉而引起管圆线虫病，造成极大痛苦。有的患者因寄生虫深入脑部，一度被误诊为脑瘤。这样的惨痛教训不可忘记啊！

所以，这些水产美食千万要经过充分的加热烹调，不能一味追求鲜嫩，更不能生吃！消化能力弱者，还是浅尝辄止为佳。

不过，水产品中的污染，却是无法通过加热解决的。一方面，由于养殖环境可能有水质污染，水产品天天泡在水里，难免会吸收其中的污染物质，这是外因；另一方面，水产品本身就有富集环境污染的特性，水里有一倍的污染，到了海鲜河鲜那里，就可能变成千万倍的污染。这是内因。

在我国，水产品中有富集问题的最主要的污染物是砷和镉等重金属。有检测结果表明，水产品中的砷含量远远高于肉类、粮食和蔬菜，是膳食中污染物砷的主要来源。珠三角地区的水产品中含量较高，台湾地区水产品中的砷污染也比较严重。1988年，联合国粮农组织和世界卫生组织下属的食品添加剂联合专家委员会（Joint FAO/WHO Expert Committee on Food Additives，JECFA）建议无机砷的暂定每人每周允许摄入量（PTWI）为0.015毫克/公斤体重，以成人体重60千克计，每人每日容许摄入量（ADI）为0.129毫克。如果吃1千克的鱼和海鲜，加上其他食物，已经接近ADI的规定量。

甲壳类动物如蟹，镉限量为0.5毫克/千克，但超标的情况比较常见，甚至能超标十几倍。有研究者认为蟹富集镉的能力比虾更强，乌贼、墨鱼富集镉的能力也比较强。而2009年，《实用预防医学》杂志"深圳市水产品重金属污染调查"一文也表明，深圳市水产品中重金属主要污染为镉污染。

除此之外，还有很多报告表明水产品会富集多种环境污染物，比如如今早已禁用的高残留农药六六六和DDT，著名的难分解环境污染物二噁英和多氯联苯等。2003年,谢军勤等人在《湖北职业技术学院学报》发表的"重金属及农药在孝感市食品及人体中蓄积的研究"一文发现,六六六的检出量在菜地土中是0.2222 ~ 3.6078微克/千克,蔬菜中是0.80 ~ 9.30微克/千克,农田土中是0.3902 ~ 1.1711微克/千克,粮食中是3.10 ~ 12.60微克/千克。同地区的地表水里,六六六的检出量是0.0012 ~ 0.3003微克/千克,而在鱼类中却高达38.00 ~ 46.00微克/千克。可见,水产品富集农药污染的能力远远高于蔬菜和粮食。

所以说,为了避免摄入过多环境污染物,海鲜河鲜都要适量吃,不能多吃。如果按我国营养学会的推荐,每天吃75 ~ 100克的量,那么既不会摄入过量的蛋白质,也不至于从水产品中摄入过量的环境污染物。所以说,很多有助于营养平衡的措施,也有益于食品安全。

甲壳类水产品、鱼类、鸡蛋和牛奶都是容易造成过敏的动物性食品。对于我国居民来说,虾、蟹等水产品是最容易引起成年人过敏的食物,而这些引起过敏的物质,用蒸10分钟的方法是很难去除的。

除过敏之外,还有不少人对海鲜河鲜有不耐受反应,食后感觉胃肠不适。《红楼梦》中贾宝玉所作螃蟹诗中有"脐间积冷馋忘忌,指上沾腥洗尚香"的句子,前一句就是说,部分人多吃螃蟹之后,脐部会感觉疼痛,用手摸时会发现这个部位手感冰凉,本不敢多吃,但因为螃蟹太美味,吃起来就忘了这一点。有人认为这是因为螃蟹中的某些蛋白质难以消化,也有人认为这和其中的藻类毒素或致病菌有关。无论什么原因,只要有不良反应,就应当远离这些食物,至少是暂时性禁食。

最后要提示大家的是,有血尿酸高和痛风问题的朋友们、肝肾功能受损的人、有消化系统疾病的人以及过敏体质的人,一定要饮食节制,对海鲜河鲜浅尝辄止,必要时敬而远之。无论食物多么美味,也不能"以身殉食"。若真吃出病痛来,岂不是自找麻烦?

范志红_原创营养信息

　　我基本上不纠结鱼肉蛋奶的激素、抗生素等问题，限量是主要措施（日平均摄入肉类和鱼虾总量不超过125克）。同时多吃蔬菜和杂粮，以提高身体的抗污染能力。

加工食品中的添加物

看穿食品的美色和美味

我们经常可以在超市里看到这样的宣传:"松软得可以弹起来""柔滑得如丝绸一样""无与伦比地松脆"。

消费者为那些美妙的口感征服,于是欣然购买。其实,这些食品的美妙口感毫无例外地来自食品添加剂。无论是酸甜的糖果,还是酥脆的饼干和柔软的蛋糕,都是食品添加剂的杰作。消费者的味蕾,拥抱着浓郁的香精;消费者的眼睛,追随着美丽的色素;消费者的牙齿,品尝着带来脆爽的起酥油。

然而,也有一些食品如此宣传:"本产品不含防腐剂""本产品不含人工色素""本产品不含香精"……

消费者心有所动,认为它们更健康,于是欣然购买。其实,这些食品不含防腐剂,未必不含抗氧化剂;不含色素,不等于不含防腐剂;不含香精,也不等于不含增稠剂等其他添加剂。

其实,大规模的现代食品工业就是建立在食品添加剂的基础上的。因为消费者对食物的外观、口感、方便性和保存时间等方面提出了严苛的要求,想按照家庭方式来生产几乎是不可能的。如果真的不添加食品添加剂,只怕大部分加工食品都会难看、难吃、难以保存,或者价格高昂,消费者是无法接受的。

很多消费者却不这么想,总觉得食品添加剂是生产厂家骗人害人的东西。但是,只要想一想以下事实就能明白,消费者自己有没有责任。

为什么自己家里的苹果切开来就会变褐,而如果超市中的苹果干、梨干是褐色的,你就不肯买,偏偏要选择那些洁白或淡黄色的产品?如果你这样选择,就是在逼迫生产者使用大量的亚硫酸盐抗褐变剂。

为什么自己家里的肉煮熟了就会变褐，而如果超市里的酱牛肉是粉红色，你却非常喜欢，而且嫌弃那些颜色发褐的酱牛肉？如果你这样选择，就是在引导生产者使用亚硝酸盐发色剂。

为什么明知道牛奶是没有水果香味的，几小块烫过的水果也不可能带来多少风味，却喜欢那些带有浓烈水果香味的乳饮料和酸奶呢？

为什么自己家里炸的食品稍微凉一点就会变软渗油，而外面卖的很多煎炸食品不管放了多久都那么挺拔酥脆，而且你总是选择最脆的煎炸食品呢？

为什么自己家里的馒头放半天就会变硬发干，而超市的面包放几天都不会变干，而且你还专门选那些最松软的面包，稍微干一点你就不肯问津呢？

在这个消费决定生产的时代中，消费者的选择决定了生产者的行为。要想真正避免摄入大量食品添加剂，唯一的方法就是自己购买新鲜天然的食品原料，花费一些时间，按照传统的方式，亲自动手制作健康的家庭食品。

新鲜的家庭食品的好处，远不仅仅是避免摄入食品添加剂。新鲜食物可以提供最平衡的养分、最多的保健成分、最多的膳食纤维，还能最好地提高免疫力——总之，用完全天然形态的食品原料在家烹调，虽然花费时间和精力，却可以充分获得大自然赋予的健康好处。如果一味追求"方便""快捷"，必然要牺牲一部分健康特性。因为，天然食物中的健康成分很难在加工过程中完全保留，天然食物的美好特性也只能存留非常短的时间，消费者应当接受这个基本事实。如果不肯降低对食物的要求，又不肯自己购买新鲜食品自己制作，就只能和食品添加剂和平共处了。

实际上，国家许可使用的食品添加剂整体安全性是比较高的，在正常用量下不会引起不良反应。就加工食品来说，很多食品添加剂必不可少，例如低盐酱菜和酱油中的防腐剂，方便面和各种曲奇点心等中的抗氧化剂，还有防止面包长霉的丙酸盐，等等。如果没有这些食品添加剂，很难想象食品能有足够的时间运输和销售，也很难想象消费者能够吃到放心的食品。但苏丹红、三聚氰胺这类不属于食品添加剂的非食用物质，无论在食品中加多少，都肯定对人体健康有危害，是违法行为，应当受到法律的严惩。

然而，尽管每一种食品添加剂的毒性都很低，但是如果摄入量过大，仍有可能带来副作用。同时，各种食品添加剂之间的相互作用以及它们与食物成分吸收利用之间的关系，至今仍然没有得到详尽的研究。因此，优先食用接近天然状态的食物仍是一种明智的选择，特别是生理功能尚未完全发育成熟的儿童。例如，国外已经有不少研究表明，在让儿童远离各种加工食品之后，不少孩子的多动症、注意力不集中、学习障碍、侵略性行为等问题都有所改善。也有研究发现，合成色素如柠檬黄等会妨碍锌的吸收，而酥脆食品中的明矾和氢化植物油等不利于智力发育。总之，家长应当尽可能不给两岁以下的幼儿食用任何含有添加剂的食品，包括彩色的糖果、甜味饮料以及添加了味精和明矾的膨化食品。

对食品添加剂，我们应当心平气和地接受，肯定它们对食品的安全、美味和方便做出的贡献，但消费者也应当走出过度追求口感、颜色、味道的误区，接受食品的天然特性，重视食品的自然品质，明智地选择食品。最要紧的是通过反思食品添加剂的问题，树立正确的食品选择和评价观念，不再过度依赖加工食品和快餐食品，而是珍视自然的风味，感激父母家人不辞辛苦烹调制作一日三餐的爱心，并把健康的民族饮食传统传承下去。

@ 范志红_原创营养信息

现代人对天然食物的了解越来越少，对储藏加工烹调知识的了解也越来越少，而是把加工食物的责任交给了大工业，同时又有强烈的不安全感和不信任感。过度依赖于广告和媒体宣传等信息来源造成了观念和知识的混乱，自然容易受骗。

30年前，很多食品根本没有安全标准，也没有国家抽检。后来有了标准，又有了抽检，如今检测结果能向社会公布了……这是好事，是进步！要学会承受这些公开透明的消息带来的冲击。如果检测结果100%合格，那还要检测抽查干什么？但如果听说检测出了不合格品，就连合格品也不敢买，毁掉了一个行业，我们以后还能吃什么？

餐饮食物中的安全隐患

"私家制作"的食品真的安全吗？

一次聊天，几位女士对我说，如今买东西太方便了，可以直接网上预订或者看微信朋友圈，就能买到各种私家订做的食品。有私家养牛挤的奶、私家养鸡生的蛋、私家油坊榨的油、私家做的点心小吃、私家做的果酱果汁、私家做的快餐盒饭……都是纯手工制作，虽说贵点，可是安全性这一点上很让人放心啊……

我听了这话，反问了几句，你们考察过他们的食品生产卫生条件吗？确认过他们的原料进货渠道和原料质量吗？看过他们的食品生产经营许可证和生产人员健康证吗？抽样检测过他们的产品吗？确认产品有安全的包装材料和运输条件吗？看过产品的生产日期、保质期和营养成分表吗？

几位朋友被我问得一脸茫然，这些我们真没想到，不是说纯手工制作的吗？肯定很安全啊。

我再反问一句，如果这个"私家制作"属于"无经营许可、无卫生许可、无监督抽查、无专业培训、无产品标准的个体作坊"，您觉得怎么样？

这下子，大家有点答不上来了。有人咕哝说，虽然这话有点刺耳，理智地想一想，还是有点道理的。私家制作的食品可能确实缺乏监管，但是那些被国家监管的大品牌，不是也会出问题吗？

我说，您说得对。国内外都一样，制作食品的数量多了，批次多了，哪怕严格监管也难以避免地会偶尔出问题。但是，您能因为监管有疏漏，就认为完全没有纳入监管体系的产品更完全吗？合法公民是有可能犯罪，但是一个连合法身份都没有的人，难道会更让你感到信任啊？

有位女士说，想想确实是这样。不过，有些产品是朋友圈卖的，是朋友圈里的熟人，应当没什么问题吧。只要制作的人有良心，食品就能让人放心，不是吗？

这话听起来好像合理，其实并不理性。如果仅仅有良心就够了，还要学习食品加工储藏技术和食品安全管理干什么？全世界高校的食品科学专业还不如取消算了？至于什么ISO9000、ISO22000管理体系还需要去认证吗？食品从种植到加工到储藏到运输，哪一方面不是好大的学问？如果不学相关知识，没有技术指导，也没有相关管理体系，还想生产外卖的食品，特别是短货架期食品，是非常不靠谱的，根本没有安全保障。

我当然发自内心地相信，绝大多数人都是有良心的，食品制作者都想让消费者喜欢自己的产品，也不想出点安全事故给自己找麻烦。但是，细菌、霉菌、寄生虫和各种导致食品劣变的化学反应可是不认良心的。只要管理上稍有疏忽，它们就会兴风作浪。

自己家的食物现做现吃，通常还比较安全。但大规模"私家制作"的时候，从备料、加工、运输到食用，至少要等几个小时甚至更长的时间。各种微生物在这期间不可能闲着，它们会抓住一切机会大量繁殖。

爸爸妈妈、爷爷奶奶做的食品，偶尔也会让家人吃得上吐下泻，你不能说亲人们对你没良心，只是他们没有遵循食品安全的相关管理原则罢了。

我们最放心的自家厨房，其实食品安全管理往往很差。多数人不会每个月都清理冰箱，也未必经常消毒水池和菜板，地面都不一定天天擦。相比之下，食品卫生等级为A的餐饮企业在这些方面都是有严格要求的，有的企业甚至连擦桌子的程序都有规定。（恐怕很多人去餐馆从来没注意过餐馆的食品卫生等级，通常就标在经营许可证的附近。大部分餐馆是B等，尽管看起来很豪华。）

再说，一个人在家做食品有良心，不等于规模大了以后他也能百分之百守法。举例说明，如果你是一家个体食品店的老板，某个时期销售量差一些，有上百份产品积压，已经过了最佳食用期。虽然看起来没有坏，但如果送去检测，某些指标有超标的风险。但是它们价值几千块，小本生意的你会选择直接扔掉，还是把它们卖出去呢？日本曾多次曝出新闻，若干百年食品老店都有过修改产品保质期的劣行。

所以，只有良心，没有相关知识和技术，没有严密的管理制度，并不能保证食品的绝对安全，特别是在大批量制作的时候。再说，如果没有监管，没有检测数据，你又怎么能确认你在网上购买的食品既没有微生物和环境污染超标，也没有添加任何你不想要的化学物质呢？仅仅凭你对网页上各种口号和各种概念的信任？

有位女士说，确实有这个问题。不过，如果有个体户牵着奶牛来小区挤奶，我直接看着他从母牛那里接奶还是很放心的。所谓眼见为实，不可能放什么添加剂啊。

我说，对。但是你并没有看到这个人是怎么养牛的，每天给牛吃什么饲料，饲料有无发霉，打什么针，吃什么药，等等。你不可能24小时监控这些牛。生鲜牛奶有结核杆菌和布氏杆菌的污染风险，因此绝大多数国家禁止销售生鲜牛奶，都要经过加热杀菌之后才能上市。当然，只要您煮沸食用，生牛奶会得到杀菌消毒，除了布氏杆菌，绝大部分微生物都会被杀灭。和存放了一段时间的市售纯牛奶相比，您确实可以更好地享受牛奶的新鲜风味。不过，这类产品的其他安全指标未必能优于市售品牌牛奶。甚至有业内人士表示，有些"个体户"的奶牛，就是大奶企淘汰的奶牛。

换了你做奶牛的主人，一头奶牛价值超过10万，你会在牛生病时坚持不给它吃药打针？会把吃药这几天的若干桶奶全部倒掉？内心有点挣扎吧。

我并不反对人们在网络上销售个体制作的食品，只是希望这些产品能够被纳入监管体系，加强培训、管理和抽查，而不是仅仅用"良心品质""手工制作""传统工艺"之类的虚词来吸引消费者。既然做一行，就要遵守这一行的基本规则，做得专业、安全、规范合法。

2015年，国家食品药品监督管理总局印发的《食品经营许可审查通则（试行）》中明确规定：无实体门店经营的互联网食品经营者不得申请所有食品制售项目以及散装熟食销售。

以下这些法规要求，是保证食品安全的底线。

——生产经营者（企业）要有食品经营许可。

　　——生产经营者（企业）要配备食品安全管理人员，食品安全管理人员应当经过培训和考核。取得国家或行业规定的食品安全相关资质的，可以免于考核。

　　——生产经营者（企业）应当具有保证食品安全的管理制度。食品安全管理制度应当包括：从业人员健康管理制度、食品安全管理员制度，食品安全自检自查制度与报告制度、食品经营过程与控制制度、场所及设施设备清洗消毒和维修保养制度、进货查验和查验记录制度、食品贮存管理制度、废弃物处置制度、食品安全突发事件应急处置方案等。

　　——生产经营者（企业）要有与经营的食品品种、数量相适应的食品经营和贮存场所。食品经营场所和食品贮存场所不得设在易受到污染的区域，距离粪坑、污水池、暴露垃圾场（站）、旱厕等污染源25米以上。

　　——食品经营者应当根据经营项目设置相应的经营设备或设施，以及相应的消毒、更衣、盥洗、采光、照明、通风、防腐、防尘、防蝇、防鼠、防虫等设备或设施。

　　——直接接触食品的设备或设施、工具、容器和包装材料等应当具有产品合格证明，应为安全、无毒、无异味、防吸收、耐腐蚀且可承受反复清洗和消毒的材料制作，易于清洁和保养。

　　——食品经营者在实体门店经营的同时通过互联网从事食品经营的，除上述条件外，还应当想许可机关提供具有可现场登陆申请人网站、网页或网店等功能的设施设备，供许可机关审查。

　　——无实体门店经营的互联网食品经营者应当具有与经营的食品品种、数量相适应的固定的食品经营场所，贮存场所视同食品经营场所，并应当向许可机关提供具有可现场登陆申请人网站、网页或网店等功能的设施设备，供许可机关审查。

　　对散装食品，特别是短货架期的熟食品和快餐制作来说，有些容易被忽略的安全管理细节其实很重要。比如说：

　　——直接接触散装食品的人必须定期体检。身体不适时不能上岗（谁都不想吃被别人的喷嚏和鼻涕污染的食品，更不要说吃正在拉肚子的人"手工制作"的食品）。

　　——操作人员要非常注意食品制作过程中的个人卫生。比如长头发不能露在帽子外面（头发难免会携带灰尘、微生物和皮屑，可能掉入食品中）；脸上不能上粉上妆（化妆品会脱落，这可不属于食品原料）；指甲不能留长（指甲缝里的细菌数量甚大，长指甲还容易刺破手套造成污染）；不能抹厚厚的护手霜（如果你做面点，顾客要吃你的护手霜啊？）。

　　——生产场所要设计合理，达到食品生产车间规定的卫生标准，墙壁材料、容器材料、包装材料等均要符合食品相关规定，甚至上下水、卫生间的位置都需要规范（如果厕所就在食品库房或制作厨房的隔壁，真的好别扭啊。遗憾的是，很多居室设计就这样）。

　　——制作者的鞋子、工作服、帽子、口罩、手套等都要符合卫生标准（如果他们穿着食品制作的工作服上厕所，出来不换衣服不换鞋甚至不洗手就继续做熟食，您会怎么想）。

　　——食品的原料要有来源记录，必须做到可追溯。每一样材料是在哪里买的，需要有据可查。就算是纯手工制作，也不可能从种田到收获，从调味品制作到烹调油制作全部自家包了吧？如果制作油炸油煎食品，废油是怎么处理的也要有去处（自己家也常有油炸大批食品之后剩下来的颜色发暗的油啊，您说是倒掉还是继续做菜呢）。

　　——食品原料、半成品和成品的储藏运输要注意控制条件，并注意保质期。应当在4℃环境下贮存的东西，就不能在10℃环境下贮存。冷藏贮存两天就有微生物超标风险的产品，决不能在两天后还在卖。销售时需要用冰袋保温的食品，决不能在室温下运输，而且必须确认运输过程中温度一直保持在合理的范围之内。

　　自己家里做吃的可以马虎点，因为现做现吃无须运输储藏，卖给别人的食品却绝不可以疏忽。制作数量越大，风险控制就越难，越要战战兢兢如履薄冰，而且需要科学的管理方法。

　　此外，即便是个体制作，只要是包装食品，食品标签都要规范。只要是包装好销售的食品，就应当遵循《预包装食品标签通则》和《预包装食品营养标签通则》的要求，注明生产者、生产日期、保质条件、保质期、配料表、营养成分表、产品标准等各项法规，最好再注明可能存在的致敏原。

在发达国家，食品行业并不是可以随便做的行业。为了消费者的安全，无照经营是不被许可的，为了避免疫病传播，甚至连私自屠宰动物都是违法的行为。除了食品安全，食品营养也应当纳入管理。比如日本规定，每天超过150人份销售量的餐饮制作者需要聘用营养师。

一位女士听完之后，看看自己的飘飘长发和纤纤玉手，感叹道："真的，如果这么说，我做食品生产还真不合格。我从来没有考虑过头发、指甲和脸上的化妆品可能在厨房里污染食品。穿着围裙去卫生间之后，用围裙擦手也是常事。"

另一位女士说，还真是要小心点。上次我买的私家点心，吃起来就有点变味了。没有冷藏包装，连个保质期都没有。我咬了两口就扔了，没敢给孩子吃。我上网抱怨，店主怕我闹，给我退款了事。可是万一孩子吃了有什么事，我该怎么维权啊？

这话问着了。2015年10月1日开始执行的新《食品安全法》，对网络食品的食品安全监管也做了相关说明。按照新《食品安全法》的规定，网络食品交易第三方平台提供者应当对入网食品经营者进行实名登记，明确其食品安全管理责任，依法应当取得许可证的还应当审查其许可证。这样就能在很大程度上堵上监管漏洞，至少能够明确产品的责任人。生产者被纳入监督管理对规范他们的行为很有作用。

法律还规定，如果消费者在购买网售食品时合法权益受到损害，也一样按照企业加工食品的规定进行赔偿，而不是仅仅退款了事。

女士们问，可是，我找不到那个远在外地的网店老板怎么办？难道坐火车打"飞的"过去？维权成本也太高了吧？

其实这一点在法规方面也已经解决了。按照新《食品安全法》的规定，网购消费者可以直接向食品经营者或者食品生产者要求赔偿，也可以由交易平台来提供赔偿。店家可以溜掉，平台却跑不掉。这和《北京市食品安全条例》中的说法是一样的：你在超市买的食品如果有安全问题，无须去找食品生产商，直接向超市索赔就行，然后由超市去和生产商交涉。超市有对进货产品安全质量负责的责任，网购平台也一样。

总之，从2015年10月开始，即便是朋友圈卖的"私家自制"食品，也被纳入了管理范围。相信销售网络食品的卖家们也都会按照法律规定，及时实名申请食品经营许可。至于出了问题之后赔偿责任能不能落实、消费者的相关维权难不难，恐怕还要观察一段时间，因为法规从颁布到在实施层面上做到完善还需要一个过程。但是，只要消费者有了食品安全监管和维权的意识，法规就一定能够发挥作用！

@ 范志红_原创营养信息

有些"传统工艺"本身就不安全，已经被现代加工方式否定，比如用含铅配料做松花蛋、用硼砂处理米粉和粽子、用含铅小转炉爆米花、用硫黄熏果脯蜜饯，都是所谓的"传统工艺"。所以，千万不要盲目推崇"古法制作"。古人的平均寿命都比较短，而且"暴病而亡"的时候都不知道是什么病，很可能其中一部分就是各种食物安全事件所致。

找到你的饮食安全短板

饮食中最大的危险在哪里？

我们不能肯定地说，少量食用放了添加剂的加工食品肯定会引起癌症，也不能肯定地说，吃了有少量农药残留的蔬菜就一定会引起慢性中毒。在一个发达的社会中，政府和研究者们总会尽量减少人们生活中的健康风险，哪怕危害并不十分确定，哪怕后果只能在多年之后产生。可是，如果蔬菜中完全不含农药，辣椒酱中完全不含色素，人们的饮食果真就会远离不健康的因素吗？

科学家早就警告过，烧烤煎炸食品中含有有毒致癌物质，甜饮料、甜食糕点、小食品中有多种不利于心血管健康的因素，然而人们仍然对烤肉和炸鸡情有独钟，仍然对甜饮料、零食爱不释口。

早已有研究证明，营养不平衡、热量过剩、缺乏运动、吸烟酗酒等因素是慢性疾病发生的主要原因，因此肥胖症、糖尿病、心血管疾病等均被称为"生活方式病"。近年来的营养学研究证实，缺乏维生素和受到射线辐射一样可以造成DNA的损伤，从而增大癌症的发生概率；运动不足则是造成糖尿病等慢性疾病的重要诱因。可是，节制饮食、常吃粗粮豆类的人寥寥无几，坚持运动健身的中年人更是少得可怜。

为什么人们会对食品中的色素、农药甚至味精耿耿于怀、如临大敌，却对生活中那些更大、更确定的危险视而不见、安之若素呢？早在20世纪70年代，就有食品学家分析了这种心态，他指出，人类对自己选择的危险具有强大的接受能力，而对于他人强加的风险极度敏感。人类能接受骑摩托和飙车的巨大风险，却不能忍受数量甚微的食品添加剂，一个乐于登山越野的勇士，却可能因为食物中放了一点味精而拒绝购买。

另一个常见的大众心态是，在遇到麻烦的时候，人类倾向于把错误推给别人，而原谅自己的不明智行为。人们热衷于寻找肥胖基因，说自己"喝凉水都长肉"，或指责肉类中的激素让人发胖，却不肯承认缺乏运动和饮食过度才是肥胖的真正原因。在不愿改变生活习惯的情况下，人们潜意识中便希望通过挑剔食物品质来弥补健康上的损失，树立自己注重生活品质的心理形象。

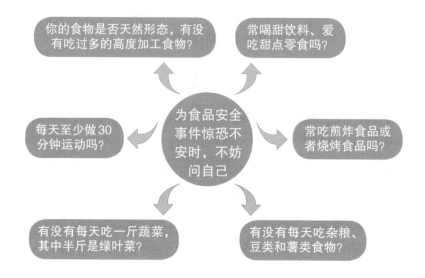

真正明智的消费者知道饮食的最大风险在哪里，从而抓住主要矛盾，守住关键控制点。食物中的少量污染物质是消费者无法预知和检测的，与其草木皆兵、惊慌失措，不如把心态放平和一些，选择天然、新鲜、多样的食品原料，注重一日三餐的营养平衡，过有充足户外活动的生活，因为这些才是守护健康的最大秘诀。

@ 范志红_原创营养信息

有些不健康因素，比如大环境，是我们没有办法改变的。与其愤怒、抱怨，不如改变自己能够把握的因素，比如营养平衡、适量运动、放松心情、早点休息，让生活中有益健康的因素多起来。解决健康问题的基本思路是，改变能改变的，接受不能改变的。

让饮食更安全的4个问题解答

某杂志就食品安全问了我几个问题，或许很多朋友都有类似的问题，所以，我把答案整理了一下，让大家一起参考、讨论。

Q1：现在我对于食品安全很不放心，有没有什么办法可以减少让自己受污染的危险，吃得放心一些？

A：尽管媒体经常曝光一些假冒伪劣食品，但它们绝大部分都是一些低价劣质食品，其实正规超市里有QS标志的、正规企业生产的、正常价格的产品，并没有想象中那么危险。只要我们注意以下几个环节，就可以最大限度地减少食品中污染物的危害，让自己的身体尽情吸收食物中所含的健康成分。

1.购买环节

首先，当然是要改进挑选食品的方法来提高安全性。虽然不能做到全部购买有机、绿色认证食品，至少应该尽可能选择天然形态的食物，它们的食品添加剂含量最少。这样做可以避免摄入绝大部分的食品添加剂。不过，很多人还担心天然食品上的农药残留，这就要在第二个环节解决了。

2.烹调环节

水果削去表皮可以减少表面残留的保鲜剂和大气污染物。对于叶类蔬菜，可以在调味、炒、煮等操作前，先把食材焯烫一下，可以去掉其中大部分农药。远离煎炸熏烤，炒菜时不要满锅冒油烟，避免自己在厨房里制造污染，也是保障健康的重要措施。

3.营养平衡环节

无论如何努力，都不可能把所有污染物拒于体外，好在人体还有解毒和排毒能力。摄取足够的维生素、矿物质可以提高人体的解毒能力。摄入充足的膳食纤维，包括粗粮豆类和蔬菜水果所含的膳食纤维等营养素，有助于消化道排出部分污染物质，也就间接地提高了饮食的安全性。

4.生活方式环节

最后，必须通过综合的健康措施让身体拥有可以对抗外来毒物的强大能力。例如，经常运动健身，可以通过改善血液循环来提高人体对各种毒物的处理能力；充足的高质量睡眠，能够强化人体的免疫系统，及时消灭因致癌物而变异的细胞，把癌细胞扼杀在萌芽状态；坏心情会大大降低免疫功能，让人体对各种污染更加敏感，所以保持安宁乐观的心态，对于提高人体的抗污染能力也是绝对必须的。

Q2：老公是位忙碌的业务员，午餐经常在外面吃盒饭或快餐。除了担心他的营养摄取不足之外，我也很在意外卖食品中的添加剂和污染。怎么才能减少对身体的危害呢？

A：自备午餐当然最好，但大部分人做不到，只能吃快餐时，不妨遵循下面的原则：

1.少吃煎炸油腻食品。在外吃饭，最糟糕的就是食物中油和盐太多，特别是油，往往质量比较差，甚至经过长时间煎炸。所以我建议不要点油炸食品、太油腻的盒饭或快餐。

2.少点含油含盐的主食。烧饼、酥饼、草帽饼之类的含油主食，不仅会在菜肴以外引入大量的脂肪，而且很可能还是不新鲜的油脂做成。这些劣质的油和超标的盐，实际上比合理使用的添加剂更加有害健康。

3.太油腻、太咸的炒菜，可以要求服务员倒一碗热水，涮去多余的油脂和盐。

4.回家之后，不要再给他做高脂肪的食物。多给他吃粗粮、蔬菜、水果，有助于排出体内的污染物质，提供抗氧化物质的保护。

Q3：我在超市的熟食区购买了半价的食品，不过那些都是加工好后摆放了一段时间、卖剩下的食品，因此更担心其中是否含有添加剂。

A：人们都以为食品中最可怕的东西是添加剂，殊不知，过期熟食中的致病菌比添加剂更可怕。历史上，各种致病菌夺走的生命不计其数，即便是在21世纪，西方发达国家每年因致病菌死亡的人也是数以百计的，比如曾经轰动一时的出血性大肠杆菌。肉类含丰富的蛋白质，特别容易得到致病菌的青睐。千万不要因为细菌繁殖比较"天然"而放松警惕！无论是病菌本身，还是某些病菌产生的毒素，都十分恐怖。

目前，超市的熟食中普遍添加了有效抑制细菌的亚硝酸盐（若瘦肉部分的颜色是粉红色，或者凤爪切口骨髓处的颜色是粉红色，就说明其中添加了亚硝酸盐），延长了保质期，但能够储藏的时间仍然有限。想想现在肉类原料价格有多贵！换了谁当老板，会忍心轻易打半价出售？所以，那些打半价出售的产品，很可能已经悄悄地滋生了数量超标的细菌。

如果一定要买这种半价品，建议回家之后把买到的熟食好好清洗一下，去掉表面附着的微生物，然后放入水中盖盖子煮沸，保持沸腾10分钟以上，或者在蒸锅里蒸10分钟以上，把微生物和毒素全灭掉，才能给家人食用。

Q4：我知道洋快餐店出售的食品对身体不太好，但是家里两岁的小孩就喜欢吃汉堡。在快餐店怎样点餐可以减少添加剂对孩子的危害？

A：形成坏的饮食习惯完全不是孩子的错，而是妈妈和其他家长太不明智。那么小的孩子就带他去吃洋快餐，才会让他有机会爱上汉堡。真正爱孩子的妈妈，绝不会把孩子当成宠物，用浓味、油炸的食物来博取孩子的欢心，不会他喜欢什么就让他多吃什么。

无论选择哪种套餐，所含的添加剂都差不多。比如说牛肉汉堡包+炸鸡

+炸薯条,其中所含的添加剂包括肉饼中的亚硝酸盐防腐剂和磷酸盐保水剂,炸薯条中含的亚硫酸盐漂白剂、抗氧化剂和消泡剂,炸鸡中的多种增鲜剂和保水剂等,加起来有多少种了?还没有算饮料里的很多添加剂品种。

无论孩子多喜欢,也不要用不健康的食物当成奖赏给他们吃。在孩子成长的过程中,要尽量减少他们和不健康食品接触的机会,父母率先垂范,自己拒绝甜食饮料,拒绝油炸食品,拒绝薯条薯片,从不挑食偏食,孩子就会潜移默化地受到影响。孩子上幼儿园之后,慢慢就懂道理了。不妨请个孩子特别信赖和崇拜的人,说清楚这些东西很不健康,并告诉孩子什么样的食物才能让他长得更强壮、更漂亮,孩子会慢慢养成健康的饮食习惯的。

@ 范志红_原创营养信息

如果您像我一样知道食物中的危险主要来自哪里,了解合法添加剂是做什么的,知道植物病害不会影响人,知道催熟剂不会让孩子早熟,知道食物不必完全无菌,知道施肥、打农药的蔬菜水果也比果汁饮料强,知道厨房里可能自制出很多有毒物质,知道营养平衡对健康的重要性比远离添加剂大,吃东西时就会踏实很多。

任何食物都有安全风险,我们只需要做到:(1)食物多样,不盯着一种东西过量吃;(2)尽量吃天然形态的食物;(3)植物性食品食用量多于动物性食品;(4)多吃营养素密度高的食物;(5)积极锻炼身体,提高代谢能力;(6)保持乐观积极心态。忧虑惊恐沮丧的情绪,比多数食品安全事件更能损害我们的健康。

天然食品最安全

每当我说要注意健康饮食,总会有人问,食品都这么不安全了,吃什么还不一样?你作为消费者,购买食物时是怎么想的?难道不怕各种安全问题?

这里,我就把自己在《北京青年报》访谈中与读者交流的问答分享给大家,或许可以缓解大家对食品安全问题的焦虑。

网友:听说你们营养专家都吃自己种的菜、自己养的猪的肉,都没有污染?

答:我自己没干过种菜养猪的事,而且在这个地球上,没有污染的地方已经找不到了,绝对无污染的食品不存在。科学考察证明,连南极磷虾也已经被人类合成的农药污染。美国的测定发现,鲸鱼的肝脏里面最多含有超标1000倍的汞。这些海洋生物不是人工养殖的吧?有人总是说,因为食物不是以纯天然的方式生长的,所以我们会有这么多的慢性病,这是在推卸责任。

食物是否受到污染不以我们的意志为转移。我也是环保主义者,支持减少资源消耗、垃圾回收,希望减少环境污染,但环境问题不可能在一两年中得到解决。

在这种情况下,要树立这样的想法,别人的行为我可能左右不了,但在我控制范围内的事,我一定要做好。虽然现在的蔬菜都是施化肥种出来的,但吃蔬菜比不吃蔬菜健康一些,所以我还是要多吃菜。尽管现在的牛奶不是以纯天然的方式生产的,也不是在牧场里吃草的奶牛,而是人工饲养的,但我喝一杯酸奶,还是能够得到不少的钙和维生素,所以喝的时候也没有什么不愉快。

千万不要说反正食品都污染了,吃什么都无所谓。想一想,尽管大家吃的东西都是在农贸市场、超市买的食物,为什么有人不健康、有人健康?有人胖、有人苗条?你要考虑一下,自己哪里做得不好,营养搭配是不是有问题，运动是不是太少？

网友：你自己是怎么购物的？

答：我个人的做法可以和大家沟通一下。我们家买食品都是我负责，我认为自己的选择会比较明智。优先选天然的食物，肯定是没有错的。如果可能的话，买产地环境质量最好的产品，买绿色食品和经过认证的有机产品。

我在超市排队、缴费时，看看别人买的东西，对比自己买的东西，经常会非常感慨。因为我看到很多朋友的购物筐里2/3以上都是包装漂亮的高度加工食品，像饼干、薯片、速冻食品、甜饮料。他们的购物筐里，天然形态的食品比例非常低，他们不愿意买这样的食品。而我和他们正相反，购物筐中大部分都是天然形态的食品。

如果你连蔬菜、牛奶、粮食的安全性都担忧的话，就更该担忧这些加工食品了，因为食品加工厂家用的加工原料未必比你买的质量好。你买的原料都是你能找到的最好的原料，至少是看起来最新鲜的，而工厂进货的原料品质未必能够达到你买菜、买粮食的水平。在加工过程中，为了改善口感和风味会添加膨化剂、乳化剂、调味剂等，以及油、糖、盐、香精、色素等，让你觉得这种东西好吃，这个过程会继续损失营养素。可以说，加工环节越多、加工程度越高，我们越应该感到担心。

我们的生活方式已经非常不天然了。现代人生活在人工的气候环境、人工的光照环境中，使用各种合成品，食物几乎是人类和自然的最后联系。如果我们切除了原生态食物这一中介环节，也就彻底切断了与大自然联系的最后一道防线。

无论东方还是西方，人们最初都是靠简单的食物和简单的加工方式来获得生命的能量。现代工业的发展丰富了人类的食品种类，也带来了改变自然食物成分的高度加工食品。这些产品有它们的存在意义，它们让饮食变得更简单、更方便，但它们只是应急食品或者偶尔换换口味的食品，而不应当成为饮食的主体。在享受现代文明的同时，尽量使食物接近原生态是我们目前最好的生活方式。

第二章　要吃出健康，营养平衡最重要

安全是前提，营养是目标

营养好，解毒能力就强

要吃出健康，一个重要的办法是提高自己的抗污染能力。其实，我们的身体适应性非常强，它有强大的解毒能力和排出毒素的能力，但这种能力需要我们去维护。

其实，人体的解毒从口腔就开始了。咀嚼的过程中，食物与唾液混合，能够对一些毒物进行初步的解毒。在胃里面，胃酸能够杀灭细菌，也能够灭活一些不利于健康的蛋白质。从小肠吸收入血的物质会被送进肝脏，其中的营养成分由肝脏分配到全身各处，或者储藏起来，有害成分则在肝脏进行解毒，然后再送到肾脏，从尿液中排出。没有被吸收的物质则进入大肠，和粪便一起排出体外。

可见，人体对于食物中的各种有害成分是有处理能力的，并不是说，吃进去一些有毒的物质，就一定会中毒或者引起癌症。健康而有活力的人，身体代谢机能旺盛，解毒能力也比较强。儿童、病人和老人的解毒和排毒能力则要低得多，特别是消化系统、肝脏和肾脏功能出现问题的人。

大量的毒物一次性地进入人体会带来严重的中毒反应，这就是所谓的急性毒性反应。比如，喝一瓶高毒农药会造成急性中毒，吃一大碗腐烂的蔬菜也可能会造成急性的亚硝酸盐中毒。但一般来说，如果食物的外表、气味、口感基本正常，其中含有大量有毒物质的可能性很小。至于各种食品添加剂，只要是国家许可使用的品种，毒性都很低，也不至于引起急性中毒反应。

少量的毒物进入人体后，由于人体有解毒和排毒的功能，并不一定会造成实质性的危害。但是，如果经常性地摄入少量的毒物，而且这个数量超出了人体解毒和排毒的能力，就可能造成毒性蓄积，从而损害健康。还有些毒物，哪怕吃的量较少，达不到中毒的水平，也有致癌或致畸的作用。实际上，这才是我们该忧虑的事情。比如说，欧洲某些国家所生产的奶粉和奶酪中都曾经出现过一种叫作"二噁英"的有毒物质，它是环境污染的产物，毒性极其惊人，具有致癌和致畸效应，而且很难从身体中排出去。

那么，怎样才能促进这些有害物质的解毒和排出呢？所谓解铃还须系铃人，毒物是吃进来的，解决方法当然也在食物中。很多营养素都有助于解毒，很多保健成分也会使我们免受毒物的困扰，而错误的饮食则会降低身体的解毒能力。

比如说，在毒物的解毒代谢过程中，往往需要多种B族维生素来帮忙，所以缺乏这些维生素可能会降低解毒能力。维生素C和某些蛋白质能够与汞、铅等重金属结合，促进解毒过程。硒元素是谷胱甘肽过氧化物酶的重要成分，少了它，身体的解毒功能就会下降。一些硫蛋白也是重要的解毒助手。

有很多研究发现，钙元素缺乏的时候，铅污染所带来的危害会更加严重。这是因为身体往往把无法处理的铅存入骨骼中，让它成为一种不活动的状态，减轻其毒性；可是，如果血钙不足，身体就可能随时从骨骼这个庞大的钙库中调出一些钙，结果呢？那些被存入骨骼"冷藏"起来的铅就会被调动出来，进入血液。所以，营养专家经常劝告那些血铅水平较高的孩子适当补充一些富含钙的食物。

还有一些食物中的有毒成分本身并不会在体内积累，但是可能在体内转化成有害物质。比如不新鲜的蔬菜和腌菜里常见的亚硝酸盐，少量吃的时候并不会引起急性中毒，却可能和蛋白质、氨基酸的分解产物结合，形成一种叫作亚硝胺的致癌物。要想避免这种物质的形成，就需要同时吃一些富含维生素C、维生素E和其他抗氧化成分的蔬菜、水果和坚果。它们能够阻断亚硝胺的形成，从而减少胃癌和食道癌的发生。

食物中的纤维是人体不能吸收的成分。虽然只是"穿肠而过"的东西，但是很多人不知道，它们可是促进排毒的好东西。不溶性的纤维，像蔬菜的筋、粗粮中的糠麸一类的东西，可以裹挟着一些有害金属离子排出体外。可溶性的纤维，像海带、木耳、果皮中的胶质类物质，可以裹挟着一些不溶于水的致癌物离开人体。

有研究证明，用某种致癌物喂养小鼠可以让大部分小鼠患上癌症，但是如果将同样数量、种类的致癌物混在海带之类的高纤维食物中一起饲喂小鼠时，就只有少数小鼠患上癌症。所以，如果生活中多吃一些富含纤维的食物，通常都会起到促进有害物质排出的作用。

还有研究证明，绿叶蔬菜中富含的叶绿素有降低黄曲霉毒素（一种很强的致癌物）的吸收率、减少毒性物质的致突变作用等保护作用。所以尽管人们经常担心绿叶菜可能带来农药，但国内外调查研究共同确认的事实却是多吃绿叶菜有利于预防癌症和多种慢性疾病。

相反地，如果一味追求大鱼大肉，很少吃蔬菜、水果、粗粮、薯类，就会增加自己被污染的危害作用。也有实验证明，在同等数量的致癌物下，那些饮食中含有很少纤维的人和吃不新鲜食物的人，将会首先受害。

营养不良会导致疾病发生，甚至死亡。比如，维生素 A 严重缺乏会导致失明，维生素 C 严重缺乏导致坏血病，可致死，一些 B 族维生素缺乏导致的疾病我国至今还偶有报道。和中毒相比，维生素缺乏的严重程度有何不同？营养不良、营养不平衡都是很可怕的，绝不可忽视。吃没掺假、不含添加剂的食品也未必不会病从口入，了解这一点很重要。

一项研究把一组小鼠放在放射线下进行照射，小鼠的 DNA 受到了严重的损伤，白细胞数下降，不仅免疫力受损，而且有致癌危险。然后，把另一组小鼠放在没有放射线的环境中，但是给它们吃严重缺乏维生素的食物，结果发现，这一组小鼠也出现了 DNA 的损伤，也有白细胞数量下降的问题，其表现和受到放射线照射的小鼠类似。于是研究者得出结论，营养不良等于受辐射！我们自己想一想，如果不好好注意饮食营养问题，是不是身体也会受到和辐射类似的损害呢？

@ 范志红_原创营养信息

　　安全和营养都是食品的基本属性。但安全只是前提，不是饮食的目标。饮食的目标是摄入身体需要的各种有益成分。如果这些成分不存在或者比例不合理，即便安全如纯净水，也必然会导致人因为营养不良而出现健康问题。

　　营养不仅仅是福利问题，它关系到国民的体能和智能，关系到国家的生产能力和创造能力，关系到社会的医疗负担。联合国粮食及农业组织曾表示，营养不良是发展中国家贫困的重要原因。计算结果表明，2010年我国因营养不良带来的经济损失达1.6万亿元。

　　我国多数国民现在还缺乏营养意识，国人的营养状况比食品安全状况要糟糕得多，却少有关注。一边肥胖，一边贫血；一边肥胖，一边缺钙，可能吗？但这就是目前很多国人的营养状态。所谓营养过剩是个不准确的说法。大部分人只是脂肪过剩，部分人蛋白质摄入过多，极少有人钙过量、B族维生素过量、维生素A过量……绝大多数人自以为吃得很好，其实微量营养素仍然处于不足状态。一边肥胖一边缺钙、缺铁的人太多了。

　　营养健康知识传播的力度与商业广告相比，投入太小，声音太微弱。后者洗脑式的轰炸宣传，和利用人性弱点的巧妙策划，实在是健康教育没法比拟的。何况我国对健康教育的投入本来就微乎其微，既缺乏政策支持，又缺乏资金投入，更缺乏激励措施。

讲营养＝做环保＝保障食品安全

进了超市，你可能会随心所欲地把食物扔进购物车，在意的只是它们的价钱和重量。其实，换一种思路，它们还可以用其他方式来衡量，比如其中的营养素数量、污染物数量、生产过程中消耗的资源数量、生产过程中消耗的能量和消费之后扔掉的垃圾数量。

举个例子，一袋饼干，主要原料是面粉、葡萄糖浆、氢化植物油、鸡蛋、脱脂奶粉等，这些原料归根结底来自于田园。耕种小麦得到面粉，种植玉米提取淀粉，然后经过水解制成葡萄糖浆，种植大豆榨取豆油，然后催化氢化成为类似奶油的状态，种植玉米和大豆制成饲料，养鸡收集鸡蛋，养牛收集牛奶，再干燥制成奶粉，等等。

在种植过程中，需要耗费大量的水资源，耗费化肥、农药和电力；养殖过程不仅消耗饲料，还会带来水污染，制造出更多的二氧化碳。据悉尼大学研究者的计算，生产一袋150克的猪肉，要耗费200升的水资源，还会制造出5千克温室气体的污染。

据生态专家测算，如果人们能够选择以植物性食物为主、少量食用动物性食物的健康饮食方式，可以降低一半以上的化肥农药用量。

食品的加工过程同样需要耗费大量能源和水资源。例如，如果不把配好的面糊放进极其费电的高温烤箱中焙烤，怎能吃到香脆的饼干？使用的各种食品添加剂均需化工厂生产，废弃物处理不当也会造成环境污染。

有人指出，将面条蒸熟然后油炸脱水，最后用沸水冲泡成为方便面，能耗比直接煮面要高出3倍。更有环保主义者指出，将速冻水饺在零下18℃下储藏3个月之后食用，消耗的能量比煮水饺本身高10倍以上！如果少选择方便食品，而是在家直接用新鲜原料烹调，多吃烹调时间较短的蔬菜水果，则可以最大限度地减少能耗，同时获得更多新鲜食品中的营养素和保健成分。

很多人对食品中的防腐剂和其他添加剂感到十分恐惧，却忘记了这些物质往往是为了加工和贮存的需要不得不添加的成分。如果人们不需要买长期不变质的食物，不需要长久不变的诱人口感，岂不就不再需要大量使用它们，从而减少化工污染吗？

食物的包装，需要使用层层塑料袋，而它们是消耗石油制成的化工产品。食物的运输，需要大批车辆，而它们同样会消耗来自石油的汽油和柴油。以北京市民为例，每天扔掉的塑料垃圾占垃圾总量的40%以上，而其中一半是食品包装袋和超市购物袋。如果能够较少选择那些复杂包装的加工食品，多选购包装简单的新鲜食物，食品包装垃圾的数量自然会大幅下降。

减少食用增加多种疾病风险的加工肉食，多吃新鲜的蔬菜水果；少选择可以马上放进嘴里的高度加工食品和方便食品，多选择天然形态的食物原料——这不就是营养学家反复提倡的健康饮食生活吗？如果反其道而行之，罹患慢性疾病之后，还要消费药物，甚至需要手术治疗。谁都知道，医疗是高耗能行业，药物则会带来化学污染，医疗废弃物处理不当还可能带来生物性污染。

讲营养，就是做环保。而节省资源、节约能源、减轻污染有助于保障食品安全，还能预防多种疾病，减少医疗资源的浪费——如此利己利人之事，何乐而不为？

@ 范志红_原创营养信息

解决食品安全问题的最终对策：衡量每一种食品对你的好处和污染危险。多吃那些对身体好处大的食品，少吃那些没什么好处的食品，就等于保护你自己。比如青菜有不安全因素，但营养保健成分更多，所以值得吃。饼干也有不安全因素，而且营养差，保健成分几乎没有，所以不值得吃。

选对食材，吃出健康

主食：选择主食的四项原则

按照"五谷为养"的原则，主食是人一天中摄入量最大的食物类别，所以它们的营养质量对于人一天中的营养供应也最为重要。对于一个活动量不大的成年人来说，每天摄入250～300克主食即可满足身体的需要。

中国人的主食花样之丰富，恐怕是世界少有。加工方法千变万化，选择起来往往会让人感到迷惑，或者索性跟着感觉走而迷失在感官的享受当中。这里提出四项原则，也许对于人们明智选择主食会有所帮助。

第一个原则：清淡少油。

粮食的特点是淀粉多而脂肪极少，含钠量也非常少，比较"清淡"。这种清淡的主食，配上味道丰富的菜肴，恰好能够为人体提供均衡的营养。东方饮食的优点之一，就是用清淡的主食搭配味道丰富的菜肴。如果该清淡的主食不清淡，就不能很好地发挥它固有的营养作用，甚至有害无益。

眼下的各种"花样"主食，比如餐馆提供的油酥饼、抛饼、肉丝面、鸡汤米粉、馅饼、小笼包、油炸馒头、油酥饼、炒饭、肉饺等"美味主食"，无论其外形和名称如何，往往有一个共同特点：加入了盐和大量的油脂，特别是肉馅和抛饼，其中的脂肪以饱和脂肪为主，非常不利于心血管的健康。在富裕的生活条件下，人们从味道过浓、过腻、过咸的菜肴中已经摄入了过量的脂肪和盐，如果主食再带来一部分脂肪和盐，必然会加剧这种过剩趋势，为身体造成极大负担，其危害不可小觑！

因此，还是选择不加油盐的主食品种为好。

第二个原则：种类多样。

人们普遍偏爱精白米和富强面粉，无论是面包、点心、各种面食和米制品，几乎都是用精米白面做成。这种饮食看起来花样繁多，实际上过于单调。并且，在米和面的精磨加工过程中，谷粒中70%以上的维生素和矿物质流失，纤维素的损失更大。

主食的任务是供应碳水化合物，所以富含淀粉和糖的食物都可以列入主食的候选名单。同时，主食也能给膳食提供1/3 ~ 1/2的蛋白质，所以蛋白质含量过低的水果蔬菜都被排除在外。这样算来，各种粗粮、淀粉豆、薯类和少数富含淀粉的蔬菜都可以当作主食，以补充精米白面中缺乏的营养成分。

豆类含有丰富的赖氨酸，可以与米、面中的蛋白质进行营养互补，其中的B族维生素也是精米白面缺乏的养分。粗粮因为没有经过精磨加工，可以为人体提供较多的矿物质、B族维生素和纤维素。薯类不仅含有较多的维生素、矿物质和纤维素，而且含有谷类没有的维生素C。拿山药、芋头、红薯等薯类食品当主食时，只需要把握4∶1的比例。也就是说，从摄入淀粉的量来看，吃3 ~ 5斤薯类大约相当于吃1斤大米。因为薯类含有较多水分，不能和干巴巴的大米直接相比。甘薯和大芋头的相对系数大约是3，土豆是4，山药和嫩芋头是5。

还有一些不被人们认为是主食的食品，比如藕、葛根粉、豆薯、荸荠、菱角。它们都含有淀粉，也有一部分蛋白质，和薯类相近，所以也都可以算在主食中。藕和土豆的成分比较相近，蛋白质的含量和质量都不逊于大米。

选择"另类"主食来替代白米白面，好处是显而易见的。它们几乎都有自己的"绝招"，比如说，土豆的维生素C含量堪比番茄，而藕的维生素C含量比土豆还要高。菱角、荸荠、红薯、芋头都含有一定量的维生素C，至少比苹果多。与精米白面相比，它们的B族维生素含量也比较高，而且个个都是富含钾的食品。如果用它们替代白米，同样吃饱的程度，主食中提供的钾就多了好几倍。

最要紧的是，这些食品所含的抗氧化物质和膳食纤维是白米白面所难以比拟的。比如说，相同淀粉含量的藕和精白粳米，前者的不溶性纤维含量是后者的12倍以上，所含的多酚类物质丰富，更是让白米难以望其项背。

对于需要控制总碳水化合物的糖尿病人和减肥者来说，吃这些"另类"主食时一定要注意，需要扣减"传统"的白米白面主食。无论你吃排骨炖藕也好，清煮荸荠也好，还是凉拌蕨根粉也好，别忘记，这是在吃主食呢！一天摄入的总碳水化合物数量是不能额外增加的。

运动不多的人，特别是中老年人，每天摄入的食物数量较少，更应当注意品种的多样化和营养质量。每天最好能够吃到一两种粗粮，而且其品种应该经常更换，有利于维持膳食营养平衡。

只要充分利用现代生活中的加工便利，不难把这些富含纤维素的主食变成可口的美食。例如，用高压锅把各种豆类和杂粮煮成美味的粥，或者购买粗粮粉和全麦粉，加上鸡蛋和蔬菜制成美味的杂粮饼，或者选购已经加工好的全麦面包、杂面条、粗粮馒头等食品，都可以方便快捷地满足人们对主食的多样化要求。

第三个原则：血糖生成指数低。

随着年龄的增长，许多人体重增加、血糖上升，出现胰岛素抵抗等状况。因此，选择主食应当格外重视血糖生成指数。

所谓血糖生成指数，就是指吃了含淀粉或糖的食物之后，血糖升高的速度与同量葡萄糖的比值。一般来说，升糖指数低意味着葡萄糖吸收速度较慢，血糖不会大幅度波动，对于控制血糖稳定、抑制胰岛素大量分泌很有好处。

不同的粮食用不同的烹调方法处理之后，血糖生成指数会不一样。精白米、富强面粉、白面包、米糕、米粉、年糕、精白挂面、点心面包、甜蛋糕、甜饼干等人们经常吃的食物都属于典型的高血糖生成指数食物，消化吸收速度极快。对需要减肥的人而言，不仅会促进脂肪合成，还会让人食欲大增。相比之下，粗粮、豆类的血糖生成指数较低，消化速度较慢。

此外，质地疏松的发酵食品、膨化食品消化吸收速度快，而质地紧密的通心粉、炒米、干豆类等消化吸收速度较慢。

要降低血糖生成指数，需要注意选择含粗粮、杂粮的食物，而不是只吃精米白面。燕麦、荞麦是经典的低血糖生成指数食品，把粮食类食物和牛奶、鸡蛋、豆类、豆制品一起食用，或者加醋佐餐，也有利于降低血糖生成指数。此外，要尽量避免吃加糖的主食。自己制作甜味主食的时候，最好用木糖醇、低聚糖等非糖甜味剂。

第四个原则：营养强化。

随着年纪增长，人体的食量减少、咀嚼能力较差，营养吸收能力下降，需要更多的营养素与衰老作斗争。食量少的人容易出现缺钙、缺铁、缺锌、缺维生素等现象，这就对食物的营养质量提出了更高的要求。

目前市面上有很多营养强化的主食，包括强化钙、铁或锌的面粉，强化B族维生素的面包，强化多种营养素的挂面等，都可以作为成年人主食的选择。

有了清淡少油、种类多样、低血糖生成指数和营养强化四个原则，再采用容易消化的烹调方法，就足以保证主食的健康。

@ 范志红_原创营养信息

大部分豆子泡一夜就可以正常煮粥，极少数厚皮品种可能需要泡一整天。电饭锅是为煮白米饭设计的，不合适煮豆子。建议先把大批豆子加水煮到半软，取出来分成几份，然后取一份和白米混合，用电饭锅煮熟即可。剩下的豆子在冰箱冷藏1～2天备用。

儿童也可以吃粗粮，宜制作得柔软些，适量搭配到饮食中，但不能用来替代富含蛋白质的食品。从能量摄入的角度来说，瘦小、能量摄入不足的孩子，应在摄入能量达到基本需求的前提下，侧重粗粮的摄入。超重肥胖的儿童，应控制饮食，主要是控制细粮。儿童有适应过程，要逐渐增加粗粮摄入。在不会引起胃肠不适的前提下，通过粗粮细作、精心加工，让孩子尽早适应粗粮，成年后就更容易适应健康饮食。

蔬菜：有关健康吃蔬菜的9个问题

某杂志的编辑就有关健康吃蔬菜的问题要求采访我，一口气问了9个问题。

Q1：为什么说蔬菜有预防疾病的功效？

有关癌症、心脑血管疾病、糖尿病、骨质疏松等疾病的多个流行病学研究均证明，蔬菜摄入量与这些疾病发生的风险呈负相关。也就是说多吃蔬菜的人患这些疾病的风险较小。

Q2：是否颜色越深的蔬菜越有营养？

天然植物中颜色最深的品种通常都是营养价值最高、保健特性最强的品种。比如黑米的营养价值和抗氧化能力大大高于白米，黑小米高于黄小米，黑芝麻高于白芝麻，黑豆的抗氧化指标是黄豆的几倍到十几倍，白色豆子则最低；在蔬菜中，深色蔬菜往往会比浅色蔬菜健康价值更高，比如西蓝花高于白菜花，深绿色的白菜叶高于浅黄色的白菜叶，紫茄子高于浅绿茄子，紫洋葱高于白洋葱，深红色番茄高于粉红色番茄；对于同一棵菜来说，深色的部分也比浅色的部分营养成分和保健成分含量更高；水果也是一样，紫葡萄的营养价值高于浅绿葡萄，黄桃高于白桃，黄杏高于白杏，红樱桃高于黄樱桃。

这是因为植物中的各种色素都具有相当大的健康价值，特别是强大的抗氧化作用。而含有较高色素的植物，其抗病性往往更强，营养成分也更为丰富。

Q3：说到蔬菜保健，人们首先想到的是大蒜、洋葱、芦笋、牛蒡等，它们是保健作用最强的品种吗？

大蒜、洋葱的保健效果没有那么神奇，而我国居民所吃芦笋、牛蒡的量通常也不是很高，用来炝锅的大蒜经过油炸后，保健意义不大。相比之下，多吃青菜的保健作用要大得多，所以中国营养学会推荐人们每天吃200克以上的深绿色叶菜。叶子越是深绿，叶绿素含量越高，营养成分就越多，抗突变、降低致癌物作用的功效也越强。

Q4：除了抗癌作用之外，蔬菜还有哪些预防疾病和保健的效果？

绝大多数蔬菜都有降低癌症、心脏病和糖尿病患病风险的作用。其中绿叶菜是作用最大的，但被人们严重低估和忽略了。最新研究证明，深绿色叶菜对扩张血管、降低血压起着不可忽视的作用。对于老人来说，绿叶菜中的钙、镁、钾和维生素K有助于降低骨质疏松和骨折的风险。对于孕妇来说，绿叶蔬菜有利于生一个聪明的宝宝。对于用眼频繁的人来说，蔬菜中的叶黄素和胡萝卜素有助于预防眼睛的衰老。对于希望控制体重的人来说，每餐吃一大盘少油烹煮的绿叶蔬菜，能有效提高饱腹感，又不会让人发胖。

Q5：既然蔬菜这么有用，那么每餐都加大吃菜的力度，早晚多吃蔬菜的做法是否可取？

当然是一件好事。早餐常见的问题就是蔬果不足，早餐吃蔬菜是一个非常值得鼓励的提高饮食质量的做法。人们说晚餐要少吃，说的是晚餐要低脂、低热量，蔬菜的摄入量却是要增加的。只要是少油烹调，晚餐吃蔬菜不会引起发胖，用它替代晚餐桌上的鸡鸭鱼肉，对预防慢性病更有好处。

Q6：爱吃菜还要会吃菜，有哪些不当的吃菜方法会危害健康，需要改正？

目前最重要的错误吃法有以下几种：

（1）放太多的油脂。用油泡着蔬菜，是很多地区的常规烹调方法。但这样会把蔬菜低脂、低热量的好处完全毁掉，油脂令人发胖，也极大降低了蔬菜预防心脏病发生的作用。

（2）把绿叶切掉，丢弃，或者把外层绿叶剥下来抛弃。北方有"绿叶不上席"的传统，去掉叶子的油菜、芥蓝等营养价值大大降低，因为绿叶是营养素最密集的地方。绿色叶片的营养素和保健成分远远高于内层的浅色叶片。

（3）炒菜温度过高，大量冒油烟。产生油烟时，温度已经超过200℃，过高的温度会破坏营养成分，并使蔬菜失去预防癌症的作用，油脂受热之后还会产生致癌物。

如果希望发挥蔬菜预防癌症的作用，最好生吃；希望蔬菜发挥其预防心脏病的作用，最好能少油烹调，采用煮、蒸、焯拌、白灼等烹调方法。

Q7：多吃蔬菜是否会造成胃肠不适？

不同身体状况和消化能力的人对蔬菜的接受能力有差异。对于部分人来说，有些蔬菜可能引起肠胃不适，比如苦瓜、黄瓜、西葫芦（小胡瓜）等，有人吃了容易腹泻；韭菜和具有刺激性的生大蒜、生辣椒、生洋葱等也会让部分人感觉不适。此事完全无须勉强，只要换成其他蔬菜即可。黄豆芽和豆角必须彻底焖熟，否则其中含有的毒素和抗营养成分会引起不适甚至中毒。

也有些人吃某些蔬菜会感觉腹胀，比如土豆、南瓜、洋葱、西蓝花、菜花等，会发生这种反应的通常是消化吸收不良的人。只要适当少吃一些，或者换其他品种就可以了。当然，根本出路还是加强自己的消化吸收能力。

虽然生吃蔬菜是个好主意，但各人接受能力不同。如果生吃蔬菜后出现腹痛、腹胀、腹泻等不良症状，完全可以把蔬菜煮熟后再吃，比如洋葱、萝卜等，部分人生吃后可能感觉不适，熟吃则没有问题。

Q8：蔬菜终究是膳食金字塔中的一部分，每天的蔬菜、主食和鱼、肉合理的搭配比例是怎样的？

按照我国的膳食指南，应以素食为主。每日摄入鱼、肉类食品

50 ~ 75克即可，而蔬菜推荐摄入量是300 ~ 500克。对于高血压、高血脂的人来说，还需要摄入更多的蔬菜才有利于控制疾病。午餐和晚餐当中最好能做到蔬菜和鱼、肉比例为3∶1，至少是2∶1。每一餐都应做到有主食，有蔬菜。

Q9：蔬菜虽好，却让人担心残留农药的问题。怎么看待这种风险？

不要一想到蔬菜就想到农药，而应当想到它有多少好处，有钾、镁、钙、维生素C、维生素B$_2$、叶酸、维生素K、类黄酮、类胡萝卜素、膳食纤维等促进健康、滋养生命的好东西，是维生素片和其他食物都无法替代的。实际上目前我国所用农药的毒性越来越小。同时不能忘记，蔬菜中的膳食纤维和叶绿素都有利于食物中有毒物质的排出，其中的抗氧化物质有利于减轻有毒物质的作用。

相比之下，鱼肉蛋奶中都有污染，而且由于生物放大作用，其中难分解污染物的水平远高于蔬菜，为了食品安全，动物性食品更应严格控制摄入量。

综合来说，蔬菜的益处远远大于它的风险。这样的食物吃得多些，我们的饮食生活才会更安全，距离疾病才会更远！

肉类：少吃肉，吃好肉

有研究发现，在同样的致癌水平下，如果给实验动物摄入过多的动物蛋白质或动物脂肪，那么这些动物的癌症发生率会比吃植物性饲料的动物更高。

如果我们吃不到有机鱼、肉，也不能自己进行烹调，还垂涎餐馆中的各种美食，那么至少应该做到一点：控制摄入量。

按照中国营养学会的推荐，每天只需吃50～75克肉就够了。但对于生活富裕的居民来说，现在吃肉的量已经偏高了。许多家庭顿顿不能离鱼、肉，宴席上更是荤素比例严重失调，不能不令人忧虑。美味的鱼肉海鲜是人生的重要享受，也没有必要一生远离它们，毕竟其中丰富的蛋白质和微量元素于人有益。这里强调的只是不要过量食用鱼肉荤腥，因为过犹不及，伤身腐肠。

人们爱吃肉，多半不是为了营养，纯属口腹之欲。人类天性喜爱高脂肪的香美肉食，绝对不是低脂肪瘦肉。

不同种类的肉，脂肪含量不一样，甚至不同部位、不同品种、不同育肥程度的肉，脂肪含量也相差甚远。其实，要知道肉的脂肪含量一点不难。基本原则是这样的：凡是多汁的、味香的、柔嫩的，基本上都是高脂肪肉类；凡是肉老的、发柴的、少汁的、香气不足的，基本上都是低脂肪肉类。排骨肉美味，就是因为它的脂肪含量特别高，可达30%以上；烤鸭肉美味是因为它的脂肪含量可达40%以上；肥牛肥羊好吃，也是因为脂肪高；鸡翅膀香美，因为它是鸡身上脂肪最多的部位……而肉质柴的鸡胸肉、没香气的兔子肉和质地嫩但没滋味的里脊肉，都是低脂肪肉。低脂肪肉比高脂肪肉健康，但如果把低脂肪的肉类用油、糖、辣椒等配料制作成浓味的食品，比如用鸡胸肉做的辣子鸡丁、用兔肉做的香辣兔，还有重油重味的糖醋里脊，那就和低脂的目标南辕北辙了。

即便将高脂肪的肉换成了低脂肪的肉，如果不考虑其他食物，那么吃低脂肪肉带来的那点好处，也很可能会被一瓶甜饮料或一份油汪汪的炒菜抵消。

可是，天天吃清水炖兔肉、白水煮里脊丝、胡椒粉烤鸡胸……能不能吃下去呢？我看，与其这样折腾自己，还不如干脆吃低脂肪的豆制品，喝低脂奶，一样能得到蛋白质，味道和口感似乎还要好一些。

也可以减少吃肉的次数和量，偶尔吃些味道香美的高脂肪肉类，每次少吃一点，然后增加运动量。如此，既能够满足口味的需求，感受生活的幸福和美好，又能避免摄入过量肉类脂肪，减少发胖的危险。即便肉食中存在污染，由于数量有限，也不至于对人体带来太大危害，少吃一些肉食也能减少过量食用鱼肉海鲜导致的癌症、心脏病、痛风、脂肪肝等疾病的发生。这样做岂不是一举两得，兼顾美食与健康吗？

水果：吃水果能防止早逝？

2016年，有一个消息在营养圈子引起了关注：权威英文杂志刊登文章说，中国的一项大型研究调查发现吃水果能够防止早逝。

在西方国家中，吃水果有利健康的说法从未受到质疑。摄入水果多的人患心脏病、高血压和中风的概率较低，甚至骨骼的健康状态也较好。欧美和台湾地区有"每日五蔬果"之类的运动，英国甚至由政府出钱，每天为在校儿童提供一份水果。

然而，在我国，人们对水果的健康作用颇多疑虑。有朋友问我，听一些中医说，老年人不适合吃水果，还有养生家说，女人不适合吃水果。说水果性寒，损伤脾胃，不利气血。怎么和研究结果相反呢？吃水果真能有这么大的保健作用？

我们不用着急，先来看看研究结果究竟是怎么说的。

研究者于2004—2008年，在10个城市招募了51万多名年龄为30～79岁的志愿者，并跟踪其饮食和健康状况，总跟踪量为320万人年。研究者发现，在受访者中，能够做到每天吃新鲜水果的仅占18%。

在随访期间，在45.1万原来没有心脑血管疾病的受访者中，共有5173人死于心脑血管疾病，有14579人患缺血性中风，3523人出现了颅内出血。

研究者用流行病学分析方法分析了新鲜水果摄入量和疾病之间的关系，得出以下结论。

——和那些基本上不吃水果的人相比，每天吃水果的人的平均血压明显比较低。这件事情其实并不会令人感到惊讶。因为水果和蔬菜都是钾的良好来源。烹调蔬菜时会放盐，吃蔬菜的时候钾、钠会被一起吃进去。但是吃水果不需要放盐，所以只吃到了大量的钾，吃进去的钠却微乎其微。对于那些需要高钾低钠饮食的人来说，水果是控制血压的良好选择。

——和那些基本上不吃水果的人相比，每天吃水果的人血糖水平也明显较低。这一点相当令人惊讶，因为很多人认为水果是甜的，不适合糖尿病人吃。不过，我也没觉得有多惊讶，因为早就有西方的流行病学调查发现，吃水果并不会增加糖尿病的危险，甚至蓝莓和苹果还有降低糖尿病风险的效果。为什么会这样呢？因为多数水果的餐后血糖反应并不强烈，远远低于白米饭和白馒头。水果中富含的果胶有延缓餐后血糖反应的作用，水果中的多酚类物质也有降低消化酶活性的作用。除非摄入量过多（比如夏天一口气吃掉半个西瓜），正常吃半斤水果是不会增加糖尿病风险的。

——和那些基本上不吃水果的人相比，每天吃水果的人因心血管病死亡的风险低了40%。考虑到大约半数中国人的死亡原因是心脑血管疾病，说吃水果"预防早夭"和"延寿"也不算过分。

——和那些基本上不吃水果的人相比，每天吃水果的人出现冠心病发作的风险低了34%，发生脑梗塞的风险低了25%，发生脑溢血的风险低了46%。而且，水果的摄入量越多，降低风险的作用越强，而且没有明显的地区差异。

日本一项持续24年的前瞻性研究同样发现，吃水果多的中老年人和吃水果少的老年人相比，发生中风的危险降低了26%，发生冠心病的风险降低了43%。研究者还发现，吃水果较多的中老年人和不爱吃水果的人相比，健康意识更强，日常吃鱼、奶类和豆制品更多一些，而吃红肉相对比较少。

还有研究发现，水果中除了钾之外，还有很多其他有益心脑血管的因素，比如其中的多酚类物质，以及槲皮素等类黄酮物质，它们能够促进一氧化氮的释放，改善内皮细胞功能，这是果蔬食物预防心脑血管疾病的机制之一。近年来的人体实验研究表明，富含类黄酮的水果（比如苹果）能够促进人体产生一氧化氮、扩张血管、降低收缩压，和绿叶蔬菜的作用类似。某项研究中，吃苹果的方式比较有趣，把120克苹果肉和80克苹果皮打碎混合，只需把混合物吃进去2小时之后采血测定，就能看到明显的效果（为什么用苹果皮？因为其中多酚类物质含量较高）。

在中国，中风的发病率非常高，但是人均水果消费却比较小，对水果的质疑特别多。对于预防心脑血管疾病而言,这实在不是一个好的现状,迫切需要让国民了解水果的健康意义,特别是让心脑血管疾病高危的人群,比如中年男性和老年人,增加水果的消费量。

我曾经说过,哪种食物的健康效应比较明显,营养价值比较高,坊间流传的各种禁忌也就越多。比如说,饭前不能吃水果、饭后不能吃水果、晚上不能吃水果、水果不能和牛奶一起吃、水果不能和豆浆一起吃、水果不能和水产一起吃……这些禁忌,让本来水果消费量就很低的国人对吃水果产生了更多的恐惧,在一天的大部分时间中都不敢吃水果,也就无法获得它们带来的健康好处。

当然,这里并不是否认少部分人吃水果之后感觉不舒服的实际情况。比如,有些容易拉肚子的人表示感觉水果特别凉,吃了会胃肠不适甚至拉肚子,也有些有胃病的人感觉吃了水果之后容易腹胀。这些都是消化吸收功能差的表现,这类人的确需要注意选择合适的水果,并控制吃水果的时间和数量。但是,并不能把这些禁忌推广到所有人。特别是心脑血管疾病高危人士,一定要注意每天吃水果。

反过来,每一类食物都有合适的摄入量,有少数人贪吃水果也并不利于健康。一次吃两斤葡萄或者一次吃半个西瓜会摄入过多的糖分,不利于体重控制和血糖控制。我国《膳食指南》推荐每天吃200～350克水果,分两次吃,不会给胃肠带来很大负担。

豆制品：我们该买什么样的豆腐？

豆腐的主要优势，一是提供植物性蛋白质，二是提供大量的钙。用大豆蛋白部分替代鱼、肉有利于控制慢性疾病，而不喜欢乳制品的人，可以用豆腐替代奶酪和牛奶供应足够的钙。而且与奶酪相比，豆腐中的镁、钙含量比较高，成酸性较低，有利于骨骼健康。

我国传统的豆腐制作，南豆腐用石膏，北豆腐用卤水。上等的豆腐，清淡微苦，豆香浓郁，软而不散，营养丰富。如今的豆制品企业纷纷引入日本和台湾地区的技术，这些新产品的奥妙之一，就是抛弃了老一代的卤水和石膏，改用葡萄糖酸内酯作凝固剂，添加海藻糖和植物胶等物质保水。与传统豆腐相比，出品率高了，质地细腻了，口感水嫩了，苦味没有了，但这些"洋风"产品真的比"杨白劳们"制作的豆腐营养更好吗？

分析数据表明，100克南豆腐可以提供116毫克钙、36毫克镁、6.2克蛋白质；100克北豆腐可以提供138毫克钙、63毫克镁、12.2克蛋白质。所以，只要吃200克北豆腐，就可以满足一日钙需要量的1/3，比喝半斤奶获得的钙还要多。对于饮食钙摄入量偏低的国人，这显然是非常健康的事情。

而100克内酯豆腐含钙17毫克、镁24毫克、蛋白质5.0克，为何其中的矿物质含量比北豆腐低得多？很简单，因为珍贵的钙和镁主要来自于石膏（硫酸钙）和卤水（氯化钙和氯化镁），如今使用的葡萄糖酸内酯凝固剂既不含钙也不含镁，用它来作凝固剂，不会增加钙和镁的含量，全是豆浆本身的钙和镁。

尽管卤水豆腐通常有点苦味，但这正是镁元素带来的。也就是说，产品的镁钙含量更多。许多人都知道，镁是对心血管健康十分有益的一种元素，有助于降低血压，保持动脉血管的弹性，预防心血管疾病的发生，还具有强健骨骼和牙齿的作用。

可见，要想达到补钙的目标，还是选择传统制作的豆腐更为明智，用卤水点的北豆腐尤其理想。那些质地特别嫩的豆腐，往往添加了更多的保水成分，其中的水分含量过高，营养成分当然就会被"稀释"，失去了吃豆腐的部分意义。至于"日本豆腐"之类，则是以鸡蛋为主料制成，和豆腐没什么关系，当然更不会含有太多宝贵的钙。

　　而一些食物经过精磨、加工、提纯、重新配制，原有的营养平衡会被破坏，营养素和其他成分之间的比例失调，甚至构型变异，这都有可能扰乱人体的营养平衡。比如，天然的谷类食品中含有丰富的淀粉，同时也含有代谢淀粉所需要的多种B族维生素和钾，含有植物萌发、生长所需要的维生素E、必需脂肪酸和各种微量元素，有相当多的纤维，还含有少量类黄酮和类胡萝卜素。经过精磨之后，精白米和精白粉中含有的维生素和矿物质含量下降为原来的20%左右，必需脂肪酸被除去，而淀粉含量上升，类胡萝卜素被氧化。再加工成糕点，增加了大量的油和糖，维生素和矿物质的含量却进一步下降。因此,饼干的成分比例已经与小麦的天然状态相去甚远,怎能为人带来同样的健康益处?

奶类：酸奶，你选对了吗？

面对产品繁多、概念新颖的乳制品货架，你有没有感到困惑？为什么有些酸奶产品不用冷藏？为什么有些酸奶总是号称加了有益菌？想补钙该喝哪一种？想畅通肠道又该喝哪一种？想补蛋白质要喝哪一种？想延缓血糖上升该喝哪一种？想控制热量避免增肥该喝哪一种？这里，真相来了！

知识点1：绝大多数酸奶类产品并不能把活乳酸菌"种植"到你的肠道中，"畅通"作用有限。

真相1：常温销售的酸奶产品中根本没有活乳酸菌。

那些装在方盒或六角形利乐包装中，能够在室温下存放好几个月的酸奶产品，实际上属于"灭菌"酸奶。

简单来说，就是生产者先是把一些质量不错的乳酸菌加入牛奶中，让牛奶发酵变成了酸奶。但是，他们又把酸奶进行了高温加热，把所有的乳酸菌都杀光了，然后在无菌条件下灌进了利乐包装中，然后趁热封装。这样，里面的菌死掉了，外面的菌进不去，所以即便在室温下放几个月，这些酸奶既不会变酸（会变酸说明有活乳酸菌），也不会腐败（产生异味说明有杂菌）。

当然，这类产品还保持着酸奶的味道，酸味浓，甜味也浓，很吸引人。同时，它们不用冷藏，携带方便。虽然无法指望它们能补充乳酸菌，但令人安慰的是，乳酸菌发酵产生的乳酸和大部分B族维生素还留在里面，钙和蛋白质也没有变少。

真相2：多数冷藏酸奶有活乳酸菌，但不能进入你的肠道里。

绝大多数冷藏酸奶产品中都含有活乳酸菌，也就是制作酸奶时必须添加的"保加利亚乳杆菌"（L菌）和"嗜热链球菌"（S菌）。但它们不属于能进入肠道定植的品种，只能在穿过胃肠道并光荣牺牲的过程中，起到抑制有害微生物的作用。当然，即便这些乳酸菌最终被胃酸杀死，它们的菌体碎片仍然能产生一些有益的免疫调节作用，发酵产生的乳酸也有利于矿物质吸收和肠道环境改善。所以，喝普通酸奶还是比不喝有利于肠道健康。

有少数酸奶产品中添加了嗜酸乳杆菌（"A菌"）或双歧杆菌（"B菌"）。这两类菌的确保健作用更强，而且能够进入大肠中生存，不过在通过胃肠道的时候，绝大多数都"壮烈牺牲"了，在上亿甚至几十亿的菌中，只有极少数幸运的菌能被亿万同伴掩护，最终到达大肠中，并栖息繁衍下去。由于大部分酸奶并没有标明到底有多少活的A菌和B菌，对于有没有幸运菌进入大肠这件事就不必期待过高了，只要相信有比没有好就行了。

真相3：只有冷藏的、新鲜的活乳酸菌饮料才能有效提供乳酸菌。

还有很多酸酸甜甜的饮料，自称为"乳酸菌饮料"，它们也分为很多品种。凡是没有说自己含有上亿活菌的，肯定没有多少活菌。至于那些连冷藏都不需要的乳饮料产品，别看味道也是酸酸甜甜的，基本不用考虑，因为活乳酸菌是不能在室温下长期存活的，必须冷藏，而且随着冷藏时间的延长，活菌数量会逐渐减少。

培养大量经过多年研究的特殊保健菌种，把它们做成活乳酸菌饮料产品，保证在保质期内有大量活菌存在是一件成本高、技术含量也高的事情。换谁都不会默默无闻、低调销售的，肯定会在包装上突出活菌的品种和数量。活菌数量越高，产品所承诺的"畅通"等保健效果越有保障。

即便选对了货，也要注意它们是否在冷藏柜里销售，是否超过保质期。最好买最新鲜出厂的产品，而且回家赶紧放冰箱里及时喝掉。不要花大价钱买来，最后在家里放过期，那么好不容易培养出来的保健菌在没能畅通你的肠道之前就死得差不多了，岂不可惜。

真相4：活乳酸菌饮料能帮你补充活乳酸菌，但要小心其中过多的糖。

虽然活乳酸菌饮料确实有保健菌，还经常号称"零脂肪"，但它们同时也是高糖饮料。这是因为大量乳酸菌培养会产生很多酸，需要加入足够多的糖来中和酸味，达到酸甜适口的效果。但是，需要控制血糖的人就不太适合喝它们了，需要控制体重的人也要小心，因为零脂肪不等于零卡路里。

在购买这类产品之前，最好能看看包装上的"营养成分表"，表中100克中"碳水化合物"的含量，大致能反映产品的含糖量。含量低于5%的可以称为低糖产品，含量低于0.5%的是无糖产品。不过，绝大多数产品的含糖量都会高达百分之十几。如果你觉得喝这类产品能畅通肠道，一天高高兴兴地喝了400多毫升，结果可能会喝进去60多克糖，远超过世界卫生组织所推荐的一天25克添加糖的限量。所以，解决方案有两个：一是在摄入活菌的同时限制总量；二是选择糖含量低一些的产品。

知识点2：能帮你补钙和补蛋白质的是酸奶，而不是乳酸菌饮料。

真相1：酸奶制作过程中，是完全不加水的。只有奶和乳酸菌发酵剂，加上百分之几的糖和百分之零点几的增稠剂。换句话说，牛奶中的蛋白质和钙，是原封不动地带到酸奶中的。

所以，不能喝牛奶的人，用酸奶来替代牛奶补充钙和蛋白质，是非常靠谱的。蛋白质被乳酸菌变成凝冻之后，更易消化吸收；钙也不会损失，而且因为乳酸的存在，更容易被人体利用。

不管乳酸菌被灭掉没有，也不管它们是否因为储藏时间长而活菌量减少，酸奶中的蛋白质和钙都是能够提高营养的。相比之下，活乳酸菌饮料不是用纯牛奶培养的，它的培养液里含牛奶蛋白质的量要少得多，所以不能替代酸奶起到补充蛋白质和钙的作用。

也就是说，含乳酸菌饮料的主要任务是提供乳酸菌，而酸奶的主要作用是补充牛奶中的营养成分，还有一些牛奶没有的好处。

真相2：酸奶产品没有标注钙含量，不等于其中没有钙或钙含量低。

有人只听说牛奶中有钙，看到酸奶没有标钙含量，就不知道该怎么选择钙含量高的酸奶产品了。牛奶中的钙是和酪蛋白胶体是一起存在的，也就是说，牛奶中的蛋白质含量越高，乳钙就越多。

由于我国营养标签法规只要求标注能量（热量）、蛋白质、脂肪、碳水化合物和钠这几项，并未强制要求标注钙含量，所以大部分企业都没有标注。一方面可能是嫌麻烦，另一方面产品标签的空间有限，标注多种微量营养素的含量有困难。购买者只需要认真看一下蛋白质含量就好了，挑出其中蛋白质含量最高的产品，然后算算性价比，就可以决定买哪个了。

真相3：酸奶中的碳水化合物含量越高，含的添加糖就越多。

酸奶的原料是牛奶，而牛奶中含有4%～5%的天然乳糖。乳糖甜度很低，而且其中一部分在酸奶发酵中变成了乳酸，所以发酵之后的酸奶，如果不加糖调和，就会酸得难以下咽。因此，至少要加6%～7%的糖，才能让酸奶比较适口。如果想要比较甜的口味，就要加8%～10%的糖。乳糖和添加的糖都是碳水化合物，所以两项加起来，酸奶的碳水化合物含量通常为10%～15%（100克产品中含糖10～15克）。

人们都知道酸奶有益健康，但糖除了增加热量、升高血糖之外并没多大好处。所以，选择酸奶的时候，可以细看标签，在保证蛋白质含量够高的前提下，优先选择碳水化合物含量低一些的品种。一般来说，儿童产品和果味产品，糖的含量都会偏高一些。

真相4：糖尿病人和减肥者可以喝酸奶。

多项研究证明，在膳食热量相同的前提下，日常酸奶摄入量较多的人罹患2型糖尿病的风险明显较低。同时，即便是含糖的酸奶，餐后血糖反应也比米饭馒头低，每次喝一小杯（100克）不会带来血糖的剧烈波动，用它替代无糖饼干等充当餐间零食是更为明智的选择。

其实现在市面上也有完全不加糖的酸奶，它们通常配备了蜂蜜袋，人们可以自行决定到底要加多少。这样就让糖尿病人更加放心，而且也能降低酸奶的热量。此外，市面上也有低脂酸奶，其风味口感略逊一筹，所以通常都会加入不少糖。所以，减肥者可以考虑，要么选择全脂低糖类产品，要么选择低脂高糖类产品，热量相差并不大，但全脂品种饱腹感更强一些，所以不如选择全脂低糖的产品。

最后总结一下：如果想补钙和蛋白质，直接买活菌酸奶是最合算的。如果想补乳酸菌，买活乳酸菌饮料是最合算的。

无论哪一类产品，都建议优先选择碳水化合物（糖）含量较低的产品。

如果你喜欢喝味道浓甜浓香或者加了各种配料的产品，喜欢就买，不必以健康的名义。

　　我们吃食物，是为了获得身体需要的养分。要记住，你的胃容量是有限的，只有用最优质、最适宜的食物来填充，才对得起自己。

　　先在胃里填进那些营养价值高的天然食物，满足身体的营养需要，是让自己不至于乱吃东西的最好的预防措施。

　　能量低，维生素和矿物质含量高，营养素密度就高。比如精白米、精白面就没有粗粮、杂豆营养素密度高，果脯、蜜饯没有水果和水果干高。同样的菜，烹调油放得多的营养素密度就低，同样的果蔬产品，不放糖、不放油的营养素密度就高。

　　穷有穷的营养，富有富的营养。懂营养就可以花很少的钱过很健康的饮食生活。这和收入无关，只与知识和饮食意识有关。

饮料：甜饮料能喝出多少病来？

三伏酷暑，挥汗如雨，每天补水是必须的。但是，看看饮料柜台，九成的位置都被甜饮料占据。甜饮料味道甘甜，口感清凉，它真的像传说当中一样，需要我们敬而远之吗？它到底有多大坏处？

坏处一：促进肾结石？

某日，我去电视台做节目，和一位来自美国的嘉宾聊天。美国朋友说他的亲戚有肾结石问题，医生告知他的亲戚，肾结石可能与爱吃甜食、爱喝甜饮料有关。

某单位的司机告诉我说，工作原因让他的用餐时间不固定，他又觉得甜饮料既解饿又解渴，就常年用甜饮料代替水来喝。这位司机也患有肾结石，但他自己不知道这是为什么。

在大部分人心目当中，肾结石既然大部分是草酸钙结石，那么应当和草酸、钙什么的关系比较大，很少会想到它和甜饮料相关。其实，美国变成肾结石高发大国，与其国民的甜饮料高消费关系不小。

在有关甜饮料和肾结石关系的流行病学研究中，有5项研究都表明甜饮料消费和肾结石及尿道结石风险有显著相关。研究者分析认为甜饮料降低了钙和钾的摄入量，增加了蔗糖的摄入量，可能是引起肾结石患病风险升高的重要因素。

不过，甜饮料带来的麻烦远远不只是肾结石。

坏处二：促进肥胖？

目前的研究已经可以肯定，多喝甜饮料会促进肥胖。绝大多数流行病学调查和干预实验都表明，摄入甜饮料会促进体重的增加，而减少甜饮料摄入有利于体重控制。而且，做汇总分析的专家发现了一个有趣的现象，那就是由饮料行业资助的研究往往会得出体重和饮料两者之间关系不大或无关的结论。

坏处三：降低营养素摄入量？

一些研究提示，喝甜饮料多的人，膳食纤维的摄入量通常会减少，淀粉类主食和蛋白质也吃得较少。这可能是甜饮料占了肚子，吃正餐时食欲下降的缘故。对于发育期的儿童和青少年来说，这实在不是一个好消息——它可能会造成虚胖。还有研究提示，多喝甜饮料的人，整体上维生素和矿物质摄入不足。

坏处四：强力促进糖尿病？

不过，最让研究者感到震撼的是甜饮料强力促进糖尿病的结论。在一项研究中，研究者对91249名女性追踪了8年，结果发现，每天喝一听以上含糖饮料的人与几乎不喝甜饮料的人（每个月一听以下）相比，患糖尿病的危险会翻倍。更不可思议的是，即便甜饮料没有让人们增重，在体重指数完全相同、每日摄入的能量也完全相同的情况下，仍然表现出促进糖尿病发生的作用。

坏处五：促进骨质疏松和骨折？

研究还发现，喝甜饮料越多的人，奶类产品就喝得越少，钙的摄入量也越低。同样，由食品行业所资助的研究中，甜饮料和钙的摄入量之间只有很少的负面联系甚至还有正面联系，而由政府资助的大型研究中，甜饮料和钙的摄入量之间有明确的负面联系。有两项研究表明甜饮料和骨密度降低之间有显著联系，也有研究提示，多喝甜饮料有增加骨折危险的趋势。

坏处六：促进龋齿？

多项研究表明，甜饮料摄入量和龋齿形成的危险呈正相关。其实，在西方国家中，喝甜饮料常常是用吸管的，酸性十足的甜饮料并不一定会直接接触到牙齿。蛀牙危险的增加，很可能是因为甜饮料造成体内钙的丢失，从而让牙齿变得更为脆弱。

坏处七：促进痛风？

有研究证实甜饮料会增加内源性尿酸的产生，提高患痛风的风险，还有少数研究提示甜饮料摄入量多的人血压可能也会更高。

这些含糖的甜饮料包括碳酸饮料、果汁饮料、功能型饮料，甚至包括纯果汁。只要含糖，无论是白糖（蔗糖）还是葡萄糖，无论是水果自带的糖还是添加进去的果葡糖浆，都有潜在的害处。

如果一定要喝甜饮料的话，优先选择低糖或无糖的饮料。

或许做到这些会有点辛苦，但这是大批专家调查了数以万计的人、经过大量实验之后得出的科学、可靠的证据，而不是谁对甜饮料有偏见。

每个人都要记住的是：

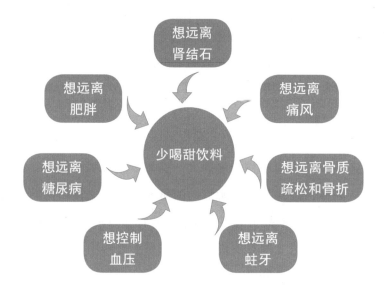

虽然甜饮料说不上有毒，偶尔喝一瓶也不至于有什么明显的坏处。但是，如果天天喝、年年喝，甚至把它当水喝，那就不亚于慢性毒害。建议每天喝甜饮料的量控制在一瓶以下，而且，喝了这瓶饮料就不要再吃其他甜味食品了。

夏天渴了的话，还是优先喝没有甜味、无糖无脂肪的饮料吧。如果嫌白开水没味道，泡杯绿茶、菊花茶，或者煮一锅绿豆汤、红豆汤，也并没有那么麻烦。

健康食品：“健康”食品的另一面

广告宣传的"健康"食品，是否真的可以放心吃？标着"纯天然"字样的食品，是否真的不易发胖？无论是哪个国家的专业人员，都会做出同样的回答：未必如此。不少所谓的健康食品、天然食品、低脂食品，实际上可能热量甚足，绝不可掉以轻心。

不少中老年人以为，低糖的"营养麦片"便是低热量早餐的最佳选择，殊不知，替代蔗糖的是阿斯巴甜或甜蜜素，它们本身几乎不含热量，但去除大量的蔗糖之后，麦片用什么来填充体积呢？答案是大量的糊精。而糊精，就是淀粉的水解物，它们比淀粉还容易消化，升高血糖和变成热量的速度更快！

也有不少减肥的女士认为，吃低糖的饼干、蛋糕和曲奇就可以让自己在吃零食的时候放下心理负担。然而，低糖不等于低脂，而油脂的产热量是蔗糖的2.25倍。加入大量油脂的点心如果按照单位重量来算，热量比纯白糖还要高！对控制体重肯定也没有什么好处。

低糖饮料虽然含糖量只有3%～5%，但如果每天喝上4瓶，摄入的热量就相当于一整碗米饭，绝不可把它们和毫无热量的茶水、矿泉水相提并论。

那么低脂食品是否令人放心呢？低脂肪的食品，未必能够放心去吃。例如，低脂饼干单位重量的热量值低于高脂饼干，但其中含有淀粉和糖，每100克中所含的热量也能达到400千卡左右，比一碗白米饭所含的热量还多。

"纯天然"的健康食品，也有同样的麻烦。一位女士每天都要吃一袋坚果，因为她听说花生、榛子、大杏仁、核桃、开心果之类都是健康食品，能减少心脏病的发生。其实，它们是货真价实的热量炸弹，每100克坚果中所含的热量高达600千卡以上。如果不增加运动，这些食品每天的食用量最好不要超过28克，而且吃了它们，就要适当减少菜肴中的油脂。

这个补偿原则同样适用于酸奶和牛奶这类高营养的食品。酸奶的确有益健康，但只有用酸奶代替一部分饭菜才能达到帮助减肥、维持健康的效果。如果没有减少主食和菜肴的数量，餐后大喝酸奶，必定会增加不少热量，得到的结果只有增肥。

　　那么，如何对待健康食物中的"热量陷阱"呢？这里推荐四大原则：

　　1.凡是营养价值总体较低的食品，无论是否低脂低糖都尽量少买少吃，比如曲奇、饼干、甜饮料等。因为要控制体重，饮食量就会偏少，对食物的营养质量要求必须更高。

　　2.凡是声称低糖的食物，要留心其中有多少淀粉和脂肪；凡是声称低脂的食物，要留心其中有多少淀粉和糖。声称对心脏有好处的食品，未必对减肥有好处。最好在同类食品中选择总热量最低而蛋白质最高的品种，因为仅仅"低脂"或"低糖"未必就是低热量。

　　3.控制食用量。"低热量"产品只承诺在同样的数量下热量比同类产品低，如果多吃一些呢？热量当然会增高，万不可因为产品低热量就放心大吃。反过来，哪怕是高热量的食品，只要营养价值高，就不必过分拒绝，比如坚果，每天少量吃几颗，还是有益无害的。

　　4.牢记补偿原则。如果额外吃了零食、饮料，甚至牛奶、酸奶和水果，都要适当减少三餐的进食量，使摄入的热量与消耗的热量相平衡。无论食物的营养价值多高，热量总不可能是零，如果多吃，都有增加体重的危险。

　　@ 范志红_原创营养信息

　　我从不提品牌名称，也不提倡人们只按照品牌去买东西。每个品牌都有档次不同的产品，也都无法避免偶尔发生的质量事故。个人认为，不看食物成分表和营养成分表，只看品牌，是很难保障食物营养品质的。品牌大，绝不等于产品健康作用强，更不等于适合每一个人的身体状况。即便食品安全方面合格，也绝不意味着它能给人带来健康。

食品广告：小心那些包装上的花招

某日看到一条微博，说到国外的销售技巧，读来让人忍俊不禁。

某大品牌的薯片包装上赫然注明脂肪含量比常规产品减少25%，令买家怦然心动。细看营养成分表，脂肪含量没有变化，标注能量（俗称热量、卡路里）也没有变化。再放进嘴里尝尝，口味也完全一样……最后终于找到了脂肪减少的原因，原来是里面的薯片量少了四分之一！

这种产品包装上的文字游戏，发达国家的营销策划人玩得熟着呢，只要不违法，什么创意都有。国内的营销人员也学得不错，只是还没有忽悠人（我不太好意思用"无耻"这个词）到这种程度，多少有点"技术含量"。

比如说，某植物油广告宣称"本品不含胆固醇"，让你以为它有多出众、多健康，其实所有的植物油都不含胆固醇。还有某植物油广告宣称"健康不肥腻"，其实它只是口感不腻，脂肪含量是99.9%，绝不比其他烹调油的脂肪含量低。因为只要是烹调油，就必须达到这个纯度，否则杂质、水分那么多，下锅就冒浓烟不说，放在超市里几个月也早变质了。

又比如说，某些饼干点心之类的产品号称"高纤维"。高纤维不等于低脂肪，甚至正相反，高纤维的产品往往脂肪含量更高，因为没有大量油脂的帮忙，高纤维的产品简直没法下咽。即便纤维对健康有益，那么多饱和脂肪陪着，这好处也早就被坏处抵消了。

那么"无糖"产品怎么样呢？这种宣传一样要非常非常小心，因为无糖不等于无淀粉，也不等于低脂肪、低能量。比如说，一种无糖的月饼，糖的份额用淀粉和油脂来填充，照样升血糖升血脂，没多大优势。号称"无蔗糖"的粉糊状食品更要小心，它只是说没有加白糖，并不承诺没有加麦芽糖浆、糊精和淀粉。事实上，糊精和麦芽糖浆升高血糖的速度比白糖还要快，糖尿病人如果买到它们，就真是太悲催了！

还有些时候，营销广告会利用消费者不了解食品知识的弱点，想出一些吸引眼球的说法，内行听起来完全是废话，消费者听起来却似乎很新鲜、有趣。比如说，某白糖产品在包装上大字印着"甘蔗糖""纯天然"等字样，让消费者觉得其他的白糖产品都不纯、不天然。其实，白糖的学名就是蔗糖，我国90%左右的白糖产品都是甘蔗榨出来的，有何稀奇？

只要用上"营养""健康""天然"之类的词汇，消费者就会觉得心理舒服些，更有兴趣购买。反正无须上税也不犯法，不用白不用。

不过，从2013年1月1日起，我国开始实施《预包装食品的营养标签通则》，规定每个产品都必须注明能量以及蛋白质、脂肪、碳水化合物和钠4种核心营养素的含量值，让消费者有机会了解产品的营养真相，很多忽悠人的说法也受到了限制。

比如说，过去可以随便说"富含维生素"，现在不行了。如果产品中维生素A的含量达不到营养素参考值（NRV，大致相当于一个成年人一日的需求量）的15%，就不能说产品里含有维生素A；如果含量达不到NRV的30%，就不能说"富含"维生素A。

又比如说，想说一种产品"减脂"、"减盐"或"减糖"，其含量必须要比同类常规产品低至少25%，否则不能用这些词汇。如果号称"无糖"，那么产品中的糖含量必须低于0.5%。若说"低钠"，产品的钠含量要低于0.12%。

法律赋予消费者神圣的知情权，也限制了商家的忽悠空间，但如果我们根本不看，或者看不懂营养标签，那么购买食品的时候，也还是难免买错东西。

食物必须多样化

怎样才叫食物多样化?

电视台采访时曾问过我一个问题:什么叫作食物多样化?

我说,食物多样化就是说食物原料的类型和品种较多,一天12种以上,最好能超过20种。一定要记得,花椒、姜片、味精等是不能算在内,因为它们的量太少,炒肉丝、溜肉片、炖肉块只能算一种,面条、馒头、烙饼也只能算一种。

编导小艾忽闪着可爱的黑眼睛,若有所思地叹道,一天20种食品,太难了。

我说,的确,很多人都达不到要求,但真要做到并不像想象中那么难。比如说,明天是腊八节,你一下子就吃进去8种原料呢!再做个炒三丝,就又有了3种蔬菜。加个大拌菜,一下子就四五种。再吃两三种水果、两三种坚果,加上鸡蛋牛奶肉类,20多种了呢。

她兴奋地告诉我,我家煮粥的时候,可是要放十几种配料的!

我赶紧提醒她,营养平衡的膳食由多种类别的食品组成,谷类、豆类、坚果、蔬菜、水果、鱼、肉、蛋类、奶类都需要考虑,特别是植物性食品的类别越齐全越好。食物多样化可不是某一类食物的多样化。比如说,你吃了20种水果,或者20种杂粮,没吃其他东西,照样是一种偏食啊。

小艾又陷入沉思,可是,吃那么多东西,怎么吃得下啊!我家只有两个人……

我继续解释说,食物多样化一定要记得一个最最重要的原则,那就是盘子里的总量一定不要变!不可以因为增加了食物品种,就增加每天的总能量。如果你吃了粗粮,就要少吃精白米面;如果你吃了鱼,就要少吃肉;

如果你吃了瓜子，就要减少你原来吃的核桃……否则，你必胖无疑。

晚上，我就开始计算自己一天吃了多少种食物。早上有蜂蜜、荞麦挂面、鸡蛋、日本酱汤、海白菜、酸奶和橙子；中午是双孢蘑菇、胡萝卜、青椒和剩的一点火腿、全麦馒头，还吃了1勺核桃仁和几个草莓；晚上是茄子、西蓝花、胡萝卜、蛋羹和八宝粥，里面有大米、红豆、花生、莲子、百合干、葡萄干、桂圆和黑芝麻。其中谷类3种，豆类2种，坚果4种，水果2种，果干3种，蔬菜6种（其中菌类和藻类各1种），肉1种、蛋1种、奶1种，其他食物2种。今天算是胜利完成任务了，不过并非每天都如此丰富，还要努力啊……

该吃的东西，你吃够了吗?

健康饮食该吃什么

2016年1月，美国公布了最新版的膳食指南，其中特别强调了健康的饮食模式（膳食模式）。那么，这个模式都包括什么类别的食物呢? 需要特别注意哪些食物的摄取呢?

指南的推荐意见中做了说明，健康的饮食模式中包括多种类别的食物。

1. 来自于各个蔬菜类别的多样化的蔬菜。其中包括深绿色叶菜、红橙色蔬菜、豆类蔬菜（嫩豆、甜豌豆等）、淀粉类蔬菜（如土豆等）以及其他类别的蔬菜。

蔬菜是一个大类，按照来源，可以分为以下几类:

——嫩茎叶和花薹类，包括各种类型的带叶蔬菜，比如大白菜、小白菜、油菜、芥蓝、芥菜、茴香、茼蒿、木耳菜、菠菜、苋菜、空心菜、油麦菜、生菜、甜菜叶、萝卜缨、芹菜、香菜、荠菜等。此外，也包括了芦笋、莴笋之类的嫩茎叶菜，也包括了西蓝花、白色菜花等花菜，以及油菜薹、紫菜薹、芥蓝薹之类的嫩花薹。其中深绿色的叶菜是营养价值最高的品种，富含叶酸、维生素 B_2、镁、钙、叶黄素等多种营养素和健康成分，因而被膳食指南的推荐放在第一位。

——根茎类，包括胡萝卜、萝卜、牛蒡、芥菜头、甜菜根之类，都是长在土里的蔬菜。其中胡萝卜属于红橙色蔬菜，富含 α-胡萝卜素和 β-胡萝卜素。

——嫩豆和豆荚类，包括豆角、长豇豆、荷兰豆、毛豆、嫩豌豆、嫩蚕豆、黄豆芽、黑豆苗、绿豆芽等，不是嫩嫩的豆荚，就是处于豆子的童年时期的产品或者豆子发芽的产品。

——茄果类，包括各种茄子，各种颜色和大小的番茄以及各种颜色的甜椒和辣椒都是茄科的蔬菜，吃的都是它们的果实部分。其中番茄属于红橙色蔬菜，富含番茄红素。

——瓜类，包括黄瓜、冬瓜、南瓜、西葫芦、苦瓜、丝瓜等，都是葫芦科的蔬菜。其中南瓜属于红橙色蔬菜，富含 β-胡萝卜素。

——葱蒜类，包括洋葱、小葱、大葱、大蒜、蒜薹、蒜苗、薤头、韭菜等，都是一些百合科的蔬菜，有特殊的气味。

——含淀粉的蔬菜，除了土豆和甘薯，还包括山药、芋头、藕、菱角、荸荠、慈姑等。它们在一定程度上可以替代部分主食，但与主食相比，含有更多的钾元素、丰富的维生素C和膳食纤维。所以，高血压患者适当地用不加盐的含淀粉蔬菜替代部分白米白面，对控制病情有好处。

——广义的蔬菜甚至还包括菌藻类，其中菌类蔬菜就是香菇、木耳、各种蘑菇等，藻类蔬菜则包括海带、紫菜、裙带菜等。它们富含可溶性膳食纤维，饱腹感也非常强。

2. 水果，特别是完整的水果。

水果是膳食中钾、维生素C、果胶和类胡萝卜素、花青素、原花青素等抗氧化物质的重要来源。由于水果不需要烹调，食用也不需要加盐，所以它们有着高钾低钠的特性，对预防高血压十分有益。大多数完整的水果食用后，餐后血糖反应较弱，而且按热量来计算饱腹感较好，糖尿病患者亦可少量食用。

然而，水果在打成浆后，抗氧化物质和维生素C损失严重；榨成汁后，膳食纤维损失严重，饱腹感大幅度下降，升高餐后血糖的速度大大加快。因此，膳食指南中推荐食用完整的水果，而不是把它们榨成果汁或打成浆来食用，除非有严重的咀嚼和消化方面的问题。

在新鲜水果之外，还可以少量食用水果干，包括葡萄干、干枣、无花果干、杏干、苹果干、桂圆干、黑加仑干、西梅干、蔓越橘干、蓝莓干等。它们能提供不少膳食纤维和钾元素，但要记得水果干浓缩了水果中的糖分，比如葡萄从鲜水果变成葡萄干，糖分会浓缩差不多4倍，所以要严格控制食用量哦。

3. 谷物，其中至少一半为全谷类食物。

谷物就是日常所吃的粮食类主食，包括稻米（各种颜色的大米）、小麦（面粉）、大麦、燕麦（包括莜麦）、黑麦、青稞、荞麦、玉米、小米（穄、粟）、大黄米（黍）、高粱等。除了荞麦之外，它们都是禾本科植物的种子。

除了日常吃的精白米和精白面粉之类，其他都被叫作"粗/杂粮"。但粗粮不等于全谷（whole grains），比如玉米面是去掉了种皮和种胚的产品，所以虽然是粗粮，却不属于全谷。没有精磨过的糙米、黑米、紫米等，以及分层碾磨之后再把所有组分按原来比例混合的全麦面粉，都属于全谷食物。把燕麦直接压片制成的燕麦片也属于全谷物。

大量研究表明，全谷物作为部分主食有利于增加 B 族维生素、钾镁元素和膳食纤维的供应，还能够有效降低罹患肥胖、糖尿病、心脑血管疾病和肠癌的风险，改善肠道菌群，降低炎症反应。健康成年人都应当注意提升自己膳食中的全谷类食物比例，至少占全部饮食的50%，而不是每天只知道吃白米白面食物。白面粉可以做成一万多种食物，但万变不离其宗，仍然是营养价值低的精白面粉。

4. 脱脂或低脂的乳制品，包括牛奶、酸奶、奶酪和/或经过营养强化的大豆饮品。

近年来的研究确认，适度摄入乳制品对预防肥胖、糖尿病、高血压、冠心病的发生有益无害，其中酸奶的健康作用尤其突出。奶类与谷类主食的配合有益于控制餐后血糖反应。有韩国的研究报告提出脂肪含量不超过3.4%的牛奶都对预防肥胖有好的作用，如果饮奶量（以牛奶计算）超过1杯，则建议选择半脱脂（脂肪含量低于2%）或脱脂产品（脂肪含量低于0.5%）。奶酪也宜选择低脂产品。

这里特别要提醒的是，普通豆浆中钙含量只有牛奶的10% ~ 20%，也不含有牛奶中的维生素 A 和维生素 D。欧美的很多豆浆产品特别强化了钙元素和脂溶性维生素以减少豆浆和牛奶在营养价值上的差异。这对于完全不摄入乳制品的人来说特别重要。我国市售的豆浆产品绝大多数没有进行这类营养强化，所以不能简单地用它替代牛奶。

鉴于牛奶和豆浆各有营养特色，前者富含多种维生素和钙，后者富含低聚糖、大豆异黄酮和膳食纤维，所以最佳选择是同时食用奶类和包括豆浆在内的豆制品。早一杯牛奶晚一杯豆浆，或者早一杯豆浆晚一杯牛奶，都是很好的做法，只要感觉良好，无须纠结顺序。

5. 多种类的优质蛋白质食物，包括海产品、瘦肉、禽肉、蛋类、干豆、坚果和大豆制品。

健康饮食并不是越简单越好，只吃点面条、米饭、馒头加腌菜、蔬菜，这种所谓的清淡饮食很难让人体达到营养平衡。足够的蛋白质是营养平衡的重要基石。控制饮食是要提升食物的营养素密度，并不是远离动物性食物。

这里把海产品放在第一位，是因为它们不仅脂肪含量低，还含有 ω–3 脂肪酸，对预防心脑血管疾病来说比红肉有益。不过，虽然过多的加工肉制品和红肉不利于预防肠癌和高血压，但少量食用肉类是保障铁、锌等微量元素供应，预防贫血缺锌问题的重要措施。

蛋类虽然含有胆固醇，但也是优质蛋白质、12种维生素、多种微量元素和磷脂、叶黄素等保健成分的供应来源。目前各国已经取消胆固醇限制，1个鸡蛋+1两肉+1两鱼虾的饮食是没有问题的。

除了动物性食品和主食之外，植物性食物中的含油坚果、油籽、豆类、豆制品等也能提供不少蛋白质。素食主义者需要特别注意，用杂豆作为部分主食食材，把坚果和油籽多多用在零食和菜肴中，再加上豆浆和豆制品，多管齐下，才能较好地满足身体对蛋白质和微量元素的需求。

——坚果包括核桃、榛子、松子、杏仁、巴旦木（扁桃仁）、腰果、碧根果（美洲山核桃）、夏威夷果（澳洲坚果）、鲍鱼果（巴西坚果）等。

——油籽包括花生、葵花籽、西瓜子、南瓜子、亚麻籽、紫苏子等。

——杂豆类包括绿豆、红小豆、各种花色和大小的干芸豆、干蚕豆、干豌豆、干豇豆、小扁豆、鹰嘴豆等。

——大豆和豆制品包括黄大豆、黑大豆、青大豆，以及水豆腐、豆腐干、豆腐丝、豆腐千张、腐竹、豆浆、豆腐乳、豆豉、豆酱等。

6. 烹调油

不推荐多食用烹调油，它是美味饮食的一部分，但需要限量，也需要明智选择品种。美国膳食指南里提到的烹调油，是用液体植物油作为烹调油，而不要以西餐传统使用的牛油、猪油、黄油等含大量饱和脂肪的固体脂肪为主。不过在中国，这些固体脂肪很少被用作烹调油，倒是植物油用得太多，一样会导致肥胖和三高。

请注意，健康饮食模式全部是天然新鲜食材，没有推荐吃各种高度加工食品，甜饮料、薯片、饼干、蛋糕等都不在其中。当然，这些食物也不是毒药，偶尔可以满足一下口感，但它们绝对不应当成为日常饮食的必备选择。不妨告诉孩子们，它们是节日和聚会时才偶尔吃的东西——这样它们就可以和健康的饮食模式相容了。

膳食指南：健康大方向

新版《中国居民膳食指南》和旧版有何不同？

2016年5月13日，国家卫计委和中国营养学会发布了新版的《中国居民膳食指南》（简称指南），在热爱健康的人们中引起了强烈的反响。

但也有一些偏激的人说，吃东西的事情我自己做主，难道政府还要出台文件干预老百姓的自由？也有人问，微信圈子里养生忠告那么多，我干吗要看政府发布的指南呢？这就说明，他们没有明白膳食指南的用途。

首先，所谓膳食指南，是一个国家或地区，给国民指引健康饮食大方向的专业建议。从20世纪70年代美国发布膳食指南以来，各个的国家都纷纷推出膳食指南，而且按照营养科学研究进展、社会经济发展情况，以及本国的国情民俗定期修订膳食指南。中国是世界第二大经济体，怎么能没有自己的膳食指南呢？推出膳食指南并不是为了干涉个人饮食自由，而是由最有权威的营养专家群体给居民发出科学的忠告，告诉大家怎样吃才能增进健康、远离疾病。

其次，膳食指南是几百位营养专家的主流共识，它的每一句话都有大量的科学研究作为根据，而不是某个养生专家的个人意见，更不是微信圈子里那些连作者来源都找不到的传言。它的可信性和科学性，比任何个人意见都要强。

可不要小看这个膳食指南，它的重要性，怎么说都不过分——居民根据它的指导安排饮食，企业根据它的指导改进产品，食品和农产品行业根据它的模式调整种植、养殖结构和食品加工结构，医务人员根据它给求医者提供饮食忠告，营养师根据它来评估居民家庭和餐饮机构的膳食质量，各国政府也根据它出台相关健康促进政策。

很多朋友问，新版膳食指南和旧版有何不同？我买了旧版，还需要买新版吗？这里就说一说新版《中国居民膳食指南》到底有何变更。

首先，新版《中国居民膳食指南》的内容根据最近10年来的新研究证据，对旧版中的部分内容进行了更新。比如说，

——不再提出限制胆固醇，而提出吃鸡蛋不必扔掉蛋黄，因为蛋黄中除了并不可怕的200毫克胆固醇，还含有多种有益健康的营养成分和保健成分，包括12种维生素、多种微量元素，以及卵磷脂、叶黄素和玉米黄素等保健成分。

——提倡吃50 ~ 150克（干粮食）的全谷杂粮，加上50 ~ 100克薯类，大致相当于主食的1/3到1/2。虽然还没有达到欧美国家推荐的"至少一半全谷杂粮"，至少也澄清了很多错误说法。此前，很多老年人对全谷杂粮总是抱着十分反感的态度，很多医生也声称吃杂粮会导致胃癌、有害消化、造成营养不良云云。实际上，在现有饮食条件和合理烹调下，这些说法都是缺乏证据的，而全谷杂粮有利于预防糖尿病、心脑血管疾病、肠癌等多种癌症，才是被大量科学研究所证明的事实。

——有关蔬菜水果有益于健康的论点，新版指南补充了更多的科学证据，指导也更加详细。比如说，新版《中国居民膳食指南》明确提出，水果榨汁吃和直接吃完整新鲜水果的作用不同。我曾多次说过，水果榨汁会损失绝大多数的膳食纤维，失去饱腹感，加快血糖上升的速度，而把水果打浆吃则会损失绝大多数维生素C和大部分多酚类抗氧化物质，也影响其发挥保健作用。

——有关豆类，新版指南明确区分了"杂豆"（富含淀粉的豆类）和"大豆"（可以制豆油和豆腐的豆子）。将杂豆归类为杂粮主食，而大豆单独列一类。

——有关大豆和坚果，新版指南减少了推荐摄入量，从笼统的30 ~ 50克改为大豆25克和坚果10克。在能够得到这些食物健康好处的基础上，又考虑到我国居民日常烹调已经摄入了很多植物油，特别是富含亚油酸的油脂，若过多摄入大豆和坚果，有可能造成脂肪过量。

——有关喝水，新版指南对日常饮水的推荐量从6杯提升到7 ~ 8杯，

这是在国内调查的基础上做出的改变。同时也明确提出，鼓励喝白开水和茶水，少喝甜饮料。

——旧版指南的主要条目只提到少油少盐，而新版指南明确提出控糖限酒，其中对添加糖的限制与2015年的世界卫生组织在《成人与儿童糖摄入量指南》中的建议完全一致。

——旧版指南把运动放在第五条，而新版指南则把运动放在第二条，强调了世界卫生组织建议的每周150分钟中等强度运动，凸显了饮食和运动协调的理念。有关"天天运动"，虽然还说每天6000步，但明确解释说这6000步是日常基础步数基础上的有意识的身体活动，特别提示不要久坐。在这一版的指南编写过程中，还请来了运动专家对日常运动的方式做出了细致指导。

——新版指南在旧版有关食品安全建议的基础上，提出了减少食物浪费、多多回家吃饭享受亲情等新的饮食理念。

当然，新版指南大部分内容还是秉承自上一版，毕竟健康饮食的基本理念没有发生变化，人口资源等基本国情也没有改变。比如说，新版指南坚持了"谷类为主"的膳食模式，也坚持了"蔬菜当中一半深色蔬菜（其中主要是深绿色叶菜）"的理念。中国人作为一个整体，由于资源环境限制和文化习俗限制，只能采纳谷类为主、五谷杂粮的饮食模式；而中国蔬菜生产能力强、绿叶蔬菜价格低廉的优势，也让中国成为极少数能够推荐国民大量吃深绿色叶菜的国家。

此外，新版指南的推出还有几个新特点：

——新版指南含6类特殊人群的指南。不仅有孕期指南，还有备孕指南；不仅有各月龄婴幼儿、学龄前儿童和老年人的指南，还有素食者的指南。对不同人的健康饮食指导更详细、更体贴了。这几个指南内容丰富，其理念于国际接轨，能够充分解疑释惑，真的特别值得细看！

——新版指南更亲民、更温馨。不仅有"关键推荐"条目对细节做出解释，还有"实践应用"特别贴心地给出了可操作的方法。而且，还有一日膳食举例、食物营养来源等说明，使用起来真的特别方便！

——新版指南语言明白晓畅，还努力做到了图形化。不仅设计了更漂亮的膳食宝塔、健康餐盘和膳食算盘等图像化的宣传工具，制作了多个宣传小册子，还含有各种示例食谱，把食物按"分量"进行了定量。

——新版指南特别注重科普，邀请营养学会的理事们撰写了大批营养科普文章来解释指南的各个条目，也请媒体做了大量宣传推广，希望能有更多老百姓了解并使用它。

所以说，如果还没有入手新版指南的话，那么还是买一本来看看吧。一方面更新自己的营养知识，另一方面了解一下营养操作，肯定能够收获满满。如果买了旧版指南，暂时不想入手新指南，其实也没关系，只要把各类人群指南的小册子收集到手，或者积极收藏新版指南的微博文章，看懂各项条目的关键推荐和每项条目的操作要点，也能基本了解健康饮食的大方向！

@ 范志红_原创营养信息

　　轻体力活动成年女性一天的合适进食量：粮食250～300克（生重，包括各种粗粮如燕麦片），其中有全谷杂粮杂豆50～150克、薯类50～100克（生重），瘦肉或鱼40～75克，蛋1个，牛奶或酸奶加起来400克，水果200～350克，蔬菜300～500克。推荐再加1汤匙坚果（去壳后约10克）和一把黄豆（25克干豆子，相当于约80克卤水豆腐），烹调油不超过25克。如果运动量大或工作中体力活动较多，则需要加量。每周至少要有150分钟的运动，多运动就能享用美食而不发胖，多幸福。

　　我的饮食挺简单的，原则无非是"荤素搭配、粗细搭配、蔬菜充足、油盐偏少、食材天然"，主要饮食特点是：1.几乎不吃糕点、饼干、小食品、甜饮料；2.每天吃至少半斤的绿叶菜；3.精白米、精白面粉比例低，粗粮豆类超过一半；4.早餐比较丰富；5.口味比较清淡。

胆固醇真的可以随便吃了？

最近很多人问我，微信朋友圈里在传好几篇有关胆固醇的文章，说是胆固醇限制放开了？含高密度胆固醇食物可以随便吃了？人体自己就能合成胆固醇，而且胆固醇对身体还有好处？这些说法也太颠覆了，我们炒菜是不是可以直接用动物油啦？

有关脂肪酸和胆固醇的问题，可以说是营养学研究中最复杂、最难扯清的问题，而且难以避免会用到过多的专业词汇。从哪里开始说呢？我想了又想，给她简单解释了其中几个关键点。

1. 吃富含胆固醇的食物不等于会升高血胆固醇，这句话是对的，而且有研究证据支持。

20世纪60—70年代的研究曾经认为，食物胆固醇含量和心脑血管疾病之间有密切关系，所以西方人多年来限制每日胆固醇摄入为300毫克，鸡蛋摄入量大幅度下降。但后来的研究发现，少吃鸡蛋、限制胆固醇之后，心脑血管疾病死亡率并未显著下降。近年来，学术界总结了各项研究结果，认为胆固醇摄入量和心脑血管疾病风险以及心脑血管病死亡率之间，无法确证以前认定的那种因果关系，所以各国先后取消了膳食中胆固醇摄入量的限制。

那么，为什么过去的研究说胆固醇可怕，现在的研究说不可怕？其实研究也是在不断深入和进步的。首先，几十年前的研究设计不够精准，而现在的研究则更为完善，排除了更多"混杂因素"的影响。比如说，有的学者认为，在严重反感胆固醇的西方国家中，能够满不在乎地每天吃一个以上鸡蛋，胆固醇摄入量很高的人，通常都是一些不在意健康的人，他们的整体生活方式就不健康，当然更有可能患上心脑血管疾病，所以不能得出鸡蛋吃得多、胆固醇摄入量大就肯定是易患病的原因这样的结论。

同时，对研究结果的解读也总要与时俱进，与国情相结合。几十年前西方人的饮食状态和现在当然有很大的差别，中国人的饮食内容和西方人也有很大差异，做出来的调查研究结果不一致是可以理解的。比如说，以前认为植物油对心脑血管有保护作用，现在的研究就得不到这样的结果了。这是因为几十年前的西方人摄入大量的饱和脂肪酸和胆固醇，而摄入很少量的植物油。现在他们摄入的的饱和脂肪酸和胆固醇越来越少了，反而是摄入的植物油多了，那么饱和脂肪酸和胆固醇就不一定还是主要的致病因素了，植物油也未必能带来更多好处了。

2. 我们不仅要考虑食物中胆固醇的含量，还要考虑食物中的其他营养和保健成分的含量。

比如说，鸡蛋黄不仅含有胆固醇，还含有丰富的卵磷脂、叶黄素、多种B族维生素、多种微量元素、优质蛋白质和单不饱和脂肪酸。水产品中不仅含有胆固醇，还含有 ω–3 脂肪酸、优质蛋白质和多种微量元素，而这些成分对预防心脑血管疾病是有益的。相对而言，动物油里就没有这些好东西。从动物油中摄入200毫克胆固醇，和从一个鸡蛋中摄入200毫克胆固醇，对健康的影响是不一样的。我们在评价食物的健康作用时，不能只考虑胆固醇，不要搞"一票否决"。

我自己一直持有这样的观念，以营养平衡为重，不对某一个指标过分苛求。我从来不曾扔掉蛋黄，早上吃两个带黄鸡蛋也并没有什么罪恶感。我甚至认为，如果不吃蛋黄，也就失去了吃鸡蛋80%的意义。

3. 身体可以自己合成大量胆固醇，这个说法也是真的。

体中2/3以上的胆固醇是自己合成的，这一点我们几十年前就知道了。肝脏每天合成1000 ～ 2000毫克的胆固醇，正常情况从食物中摄入的胆固醇却只有几百毫克。顺便说一句，儿童、少年、孕妇、乳母、营养不良者和节食减肥人士都不建议严格限制胆固醇，因为胆固醇是构建细胞所必需的物质，也是多种类固醇激素（比如性激素、维生素D_3和肾上腺皮质激素等）和胆汁的原料。

说远点，古代能天天吃肉的人比例应当很低，人在进化中早就适应了这种饮食情况，我们的祖先靠自身合成胆固醇，雌激素、雄激素等类固醇激素都能正常分泌。

按理说，人体每天辛辛苦苦地合成胆固醇挺麻烦的，从食物中摄入胆固醇后，只要身体相应地少合成一点，不就平衡了？理论上说是这样的，不过，每个人的胆固醇调节能力不一样。人体实验发现，有些人确实善于调节，每天吃3个蛋黄，胆固醇水平也没有发生明显变化；有些人的胆固醇调节能力不行，吃了3个蛋黄之后，胆固醇水平会小幅度升高，不过高密度脂蛋白胆固醇（HDL）和低密度脂蛋白胆固醇（LDL）的比例并没有发生变化。增加的那些脂蛋白胆固醇微粒结构比较疏松，其中含丰富的卵磷脂，致病性较小，并没有那么可怕。

人们可以从自己的身边发现，很多高甘油三酯高胆固醇的人其实吃肉很少，从来不吃动物油，而素食主义者中，胆固醇超标的也并不罕见。所以说，零胆固醇的饮食并不一定能让人避免高胆固醇血症和心脑血管疾病。天天白米白面加上大量炒菜油，蔬菜薯类杂粮都不足的生活，非常不利于血胆固醇的控制，还不如少量吃些鱼肉蛋奶的饮食。

4. 摄入胆固醇的量并不等于身体吸收胆固醇的量，也不等于血胆固醇水平必然升高。

首先，每个人对食物中胆固醇的吸收利用能力不一样，平均大概只有30%，很大一部分是进入大肠被微生物发酵之后排出去了。有些人消化能力差，分泌的胆汁比较少，那么食物中的胆固醇吸收率就会偏低。同时，食物中的膳食纤维，特别是可溶性膳食纤维，比如燕麦中的 β–葡聚糖、海带里的褐藻胶、水果蔬菜中的果胶等，能够和胆汁酸（胆固醇类物质）结合，带着它们从大肠排出体外，这样就等于是降低了胆固醇类物质的吸收利用率。还有就是杂粮、豆类、坚果中所含的"植物固醇"，它们长得很像胆固醇，但实际上起到了降低胆固醇吸收率的作用。

5. 虽然食物中的胆固醇不可怕，但血胆固醇水平过高，特别是低密度脂蛋白胆固醇（LDL）过高仍然是脂肪代谢紊乱的标志。这一点医学界至今尚无异议。

人们往往把膳食中的胆固醇和人体血液中的胆固醇混为一谈，说"高密度脂蛋白胆固醇（HDL）为优质胆固醇，不在限制之列"。其实，食物中的胆固醇是不讲什么高密度低密度的。人体血液中的脂蛋白才有密度之分。

6. 放开胆固醇限制，和能不能吃动物油无关。多吃富含纤维的天然植物性食品最重要。

健康人不用去想胆固醇的事情，而是需要控制鱼肉蛋奶的总量。目前各国虽然取消了胆固醇限制，但对饱和脂肪酸的摄入限制还在，脂肪总量和总热量也不能过多，否则有发胖和升高甘油三酯的可能。每天1个蛋（包括鸡蛋、咸鸭蛋、松花蛋、鹌鹑蛋等含蛋黄的食物）、300克奶、不超过75克的肉（包括偶尔少量吃动物内脏）或不超过100克的鱼和水产品，这样的饮食是不用担心的。如果您日常饮食中鱼肉蛋奶都有了，就不建议再刻意用动物油做菜，因为食物中已经有了足够的饱和脂肪酸。用煮排骨出来的油汤来炖白菜萝卜倒是没有关系的。

总之，对绝大多数健康人而言，与其盯着含有胆固醇的食物，琢磨什么不能吃，不如考虑一下该吃什么。每天把富含膳食纤维的全谷杂粮和绿叶蔬菜吃够，适当吃些薯类、水果，加上富含植物固醇的豆类和坚果油籽，同时减少炒菜油、盐和糖的用量。食物丰富多样了，主食不再全部精白了，烹调少油少盐了，再加上适量的运动，血脂问题自然就会逐步改善。

第三章　厨房把好健康关

1. 生吃还是熟吃？

随着西餐和果蔬汁的兴起以及日韩料理进入中国，很多原来只吃熟食的人慢慢开始接受生吃食品的饮食方式。一些激进的健康生活家提出了"食必生食"的口号，认为这不仅能预防癌症，还能治疗胃病。

然而，一些中医养生专家则提出了相反的观点。中医认为，脾胃为后天之本，必要细心养护，而要维护脾胃，饮食必以温热为好。多食生冷损伤阳气，易致消化不良，甚至腹胀腹泻。

这两种说法都有大批人拥护，但到底谁更有道理，更有可行性呢？这不是一两句话能说清的。

烹调的意义：杀菌、软化、帮助消化吸收

生食到熟食的改变曾经被认为是一个极大的历史进步，也促进了人类寿命的延长。为什么要加热烹调呢？难道生吃食物就不能消化吸收吗？

的确，很多食物能够不经加热烹调便消化吸收，包括生肉、生鱼、生蔬菜和水果。

鱼、肉、海鲜都是动物性食品，而动物细胞没有细胞壁，生吃和熟吃一样可以消化吸收。人们把鱼肉海鲜类食物加热熟食，主要是为了两个目的，一是为了杀灭微生物，保证饮食安全；二是为了调和风味，丰富口感，创造美食。与生食相比，熟食比较容易消化。这是因为加热之后，蛋白质适度变性，失去了原本的三维结构，更有利于人体肠胃中蛋白酶对其进行分解。动物实验也证明，熟食可以减少消化吸收食物所消耗的能量，所以对一些身体虚弱的人来说，把肉类做成熟食可能更合适。

蔬菜属于植物性食品，它们有坚韧的细胞壁，且富含纤维，对肠胃有一定的刺激作用，还含有一些抗营养物质。熟吃蔬菜主要有三个目的，一是软化纤维，缩小体积；二是破坏细胞壁和细胞膜，帮助人体充分吸收；三是破坏其中的有机磷农药，除去一部分草酸和亚硝酸盐，杀灭细菌和寄生虫卵，提高安全性。很多蔬菜，熟吃显然更为美味。

粮食、豆子等淀粉类食品呢？它们不仅有细胞壁，还有大量的淀粉粒。淀粉粒就像是紧密打包、层层包装的淀粉，如果不吸水膨胀、加热煮软，人体小肠中的消化酶就没法消化它，未消化的坚硬谷粒穿肠而过，不仅不能提供营养，还会损伤消化系统。

马铃薯、甘薯、山药等薯类食品虽然可以生吃，但生吃的时候人体只能吸收其中的矿物质和维生素，淀粉粒部分基本是不被吸收的，和纤维一样进入大肠，帮助一些喜欢淀粉的微生物繁殖——结果是肠道蠕动加快，产气增多。偶尔生吃，对"润肠通便"有一定好处。

生食主义：贵族小众生活方式

理论上来说，生食完全可以维持生命，供应充足的养分。不过，生食的食物构成与熟食有很大的不同，那就是不能有谷物类食品。

不吃粮食、豆类，而蔬菜水果也不能完全让人吃饱，这就意味着要吃生鱼生肉。显然，这种生活要比"五谷为养"的生活昂贵得多。因为平均5斤粮食作为饲料才能生产出1斤肉，在我国这样一个农业资源短缺的国家，如果人们都用鱼、肉作为主食，显然超过了耕地资源的负载能力。

同时，想要生吃鱼、肉类食物，食物本身要有极高的新鲜度。这就意味着它们从宰杀到烹调，都处于严格的冷链环境中，保存期只有几天。这样的肉，显然生产成本极其高昂。

鱼肉海鲜类食品通常会富集环境污染，其重金属、农药等污染物的水平都比粮食豆类高得多。因此，以鱼肉类食品为主食，必须选择有机食品。事实上，这也正是生食主义者一直提倡的食材。然而，能达到生吃卫生标准的、有机方式生产出来的鱼肉，其产量之少，价格之高，可想而知。

同样，能够达到生食安全标准的蔬菜，也不是普通的蔬菜。不仅农药的使用必须严格控制，连可能含有寄生虫卵的农家肥都要慎用，更不能有大肠杆菌O-157这样的致病菌。很多蔬菜，特别是绿叶蔬菜，不能像水果那样轻易去皮，也很难像番茄一样彻底洗净，生吃还是有风险的。

所以，彻底的生食主义，对食材的要求极为严格。

生食蔬菜：要想多吃很难

虽然完全不吃粮食似乎难以实现，但蔬菜完全生吃似乎不难操作。把水果蔬菜都打成汁或者完全做成生的凉拌菜，在中式厨房中就能做到。

蔬菜和水果一起打汁或打浆食用的吃法，被很多人认为是一种时尚。实际上，这是西方人为了弥补蔬菜摄入量不足、改善生蔬口味而想出的一个方法。这种方法会造成酶促氧化，令维生素C和水溶性抗氧化成分大量损失，而且不溶性的纤维和不溶性元素如钙会被留在滤渣中造成损失，喝果蔬汁还无法获得食用完整蔬菜水果时的饱腹感，不利于控制食量。用来打汁的蔬菜原料，在品种上还有许多限制。只有口味清爽的番茄、黄瓜、胡萝卜、生菜、甜椒等适合打汁，而像菠菜、芥蓝、西蓝花、茼蒿、紫背天葵这样的高营养价值蔬菜多半有些"异味"，通常会被"拒之门外"。因此，可供打汁的蔬菜品种中叶酸、叶黄素、钙、镁的含量偏低。

不过，打汁也能保留蔬菜中的一些保健活性物质，比如圆白菜中有益治疗胃溃疡的成分以及十字花科中的硫苷成分。每日饮用两杯果蔬汁的确可以增加蔬菜的摄入量，同时又不增加脂肪和盐的摄入，是有益健康的；但如果你认为饮用果蔬汁就可以三餐不吃菜，那可就大错特错了。

欧美人都以生吃蔬菜为主，但他们实现每日11份水果蔬菜的推荐量却是难上加难。

只要自己尝试一次就会发现，一棵中等大的圆白菜，如果炒食，只能盛满一盘；如果像比萨饼店一样切细丝生吃，则可以装满6～8盘。而吃这么多盘的蔬菜沙拉，需要用掉多少沙拉酱？其中含有多少脂肪？脂肪总量比炒3盘圆白菜还要多。

根据我国营养学会的推荐，每日要吃300 ~ 500克蔬菜，其中一半是深绿色叶菜。如果生吃200克这种深绿叶菜，比如菠菜、油菜、芥蓝、西蓝花、茼蒿、茴香等，难度实在太大。而豆角、豌豆、毛豆之类蔬菜，生吃还有毒性。所以，完全生食蔬菜的生活会让蔬菜品种大大受限。西方人经常生吃的蔬菜也不过那么几种而已，其他很多品种的蔬菜，如芦笋、茄子、甜菜、南瓜、西蓝花、豌豆等，他们还是要熟吃的。

选择生食：根据体质、量力而行

很多人听说生的蔬果中有很多酶类，可以帮助消化。其实，对于消化能力强的人来说，蔬果中的酶大部分在胃中便被杀灭了，因为胃液的pH值在2以下，而蔬菜水果中的酶在pH3以下的环境中几乎没有活性。

对于胃液不足、消化能力较差的人来说，蔬菜水果中的酶可以在一定程度上发挥作用。不过，这些酶未必都是有益的酶，比如氧化酶就会破坏多种维生素。

真正能帮助消化的食物，与其说是生的蔬菜水果，不如说是发酵食品，比如没有经过加热的酸奶、腐乳、醪糟、豆豉等。因为微生物中的酶往往活性高，耐热、耐酸能力强，比蔬菜水果中的酶作用效果好得多。

另一方面，人体的消化酶在体温37℃时活性最高，如果吃进去大量冷的蔬菜水果，胃中酶的活性会有所降低。如果身体强壮，产热能力强，可以通过加快胃部血液循环来提高酶的活性；如果本来身体虚弱怕冷，产热能力差，血液循环不好，消化液分泌不足，那么多吃生冷食物之后，很容易产生胃胀、腹胀等不适感觉。产妇不能吃生冷食物，正是这个道理。

同时，生蔬菜中含有较多未经软化的纤维，对肠胃有一定的刺激作用。

由于生吃蔬菜需要仔细咀嚼，对控制食量有好处，比较适合胃肠消化功能很好的超重或肥胖者，以及高血压、高血脂、糖尿病等慢性病患者。如果本人瘦弱、贫血、食欲不振、食量偏小，相比而言就不太适合经常生吃大量蔬菜。

大众选择：生食与熟食完美结合

最需要记取的是，熟食绝不意味着高油脂烹调，也不意味着加热温度过高。

食物通常只在加热120℃以上时才会产生有毒物质，加热到160℃以上时，这些有害物质才会快速生成。我国传统烹调方法中有很多烹调温度较低的熟食方法，包括蒸、焯、白灼、炖煮等。把蔬菜在沸水中快速焯过或者快速蒸熟，可以极大地提高安全性，特别适合脆嫩蔬菜和绿叶蔬菜的烹调。

研究发现，提取出来的胡萝卜素，或是充分煮熟变软的胡萝卜，哪怕只加几克油，就能让人充分吸收胡萝卜素；但如果生吃，就需要几十克油才能充分吸收。这是因为烹调软化了细胞壁，让胡萝卜素能充分与油脂接触。

研究表明，不冒油烟的快速炒制，或短时间微波烹调，可以保留蔬菜中的绝大多数营养成分和抗癌物质。虽然会有一些营养素的损失，但是由于熟蔬菜的摄入量比生蔬菜大得多，只要把量吃够，也能得到足够的营养素。

真正需要反对的不是熟食，而是加入大量油脂、高温过油、过火甚至煎炸、让蔬菜经过多次加热，还有挤掉蔬菜中的菜汁等错误的烹调方法。

总体而言，是否选择生食，要看个人生活条件和体质状况。体质强、消化力强、身体发热能力强、食欲旺盛、经常便秘的人适合多吃一些生蔬菜，而体质弱、消化力差、食欲不振、容易胀肚、容易腹泻的人则适合少吃一些生蔬菜。

总之，生食与熟食各有优势。对大多数人来说，吃清淡烹调的熟蔬菜，加上部分清爽脆嫩的生蔬菜，再配以少油烹调的肉类，应该是最理想的选择。

2. 少油烹调很重要

美食节目里的营养误区

假日有点空闲时间，我偶尔也会看看电视上的美食节目，多半会看出不少问题来。比如某台播出的一个节日美食制作：香脆薄馅饼。

馅饼的制作方法是这样的：

（1）用面粉、盐、小苏打和油和面团，充分揉过，醒一段时间；

（2）肉馅放入冷水中，煮变色后捞出。冷水煮肉馅，能令其不结块；

（3）锅中放大量油，再加葱姜末和煮过的肉馅炒香，加酱油和鸡精调味。

（4）把醒过的面团做成薄片，把带油的肉馅均匀地铺在一半的面积上，另一半面片盖在上面，制成方形薄肉饼；

（5）锅中放一大锅油，把肉饼投入其中，炸成金黄色后捞出。

首先看看这道美食的第一大问题——用油太多，绝对高脂肪高热量。

面团已经放了油，这是为了用脂肪将面筋隔开，避免其韧性太强，难以拉成薄片。而为了让肉馅互不粘连，肉馅与面片之间不粘连，又放了很多油来炒肉馅。最后把肉饼投入油锅炸，自然又吸入不少油。

经过这样三道程序的处理，这道美食会含有多少脂肪呢？想想就知道，超过40%一点都不奇怪。

然后看看这道美食的第二个问题——维生素损失太多，主要是维生素 B_1 和维生素 B_2。

人们都知道，维生素 B_1 是一种水溶性维生素，它非常怕碱，也害怕高温加热。维生素 B_2 虽然不太怕热，但很怕碱，而且也会随水流失。面团中那点维生素 B_1，经过加碱和面，已经损失惨重。肉本是富含维生素 B_1 的食材，但在煮肉的时候把水倒掉时，大部分维生素已经溶于水中被抛弃。然后，面团和肉馅中残存的那点维生素，又在油锅当中被摧残殆尽。

在面团中加小苏打，一方面能改善面团的吸水性，另一方面能在油炸的时候让面食疏松。但是，这对于营养来说，实在是一大损害。它造成的损失甚于煮粥加碱，因为面粉中的维生素B$_1$，本来是要比大米多一倍的。

这样的美食，就像炸薯片一样，虽然口感不错、技艺精湛，但是于健康又有什么好处呢？制作过程费如此多的手工，消耗水、电、天然气等资源，最后吃到一种不健康的食物，实在不值得推荐。

食品在烹调和加工中有些营养损失是难以避免的事情，但合理的加工至少可以尽量保留其中的有益成分，少引入一些不利于健康的成分。而这道美食，似乎是背道而驰。

然而，看看我们的电视屏幕，这样的美食难道还少吗？假如中华美食向这个方向发展，它的前途会怎么样呢？与改善民族体质的目标实在是背道而驰。我们的电视媒体，特别是生活类节目，对百姓的生活影响最大，这方面不可不慎重。即使在推广美食时不能完全遵循健康原则，至少应当加一个健康提示，让人们知道改良哪些步骤可以适当减少脂肪含量，也应当让人们知道，有些美食只可偶尔品尝，绝不能经常大快朵颐。

@ 范志红_原创营养信息

30年前只有浑浊的粗油，烟点在140℃以下，而日常炒菜需要160℃～180℃，所以才不得不在冒烟后放菜。如今的烹调油清澈透明，烟点都在200℃以上，人们却还是在冒烟后才放入菜。含蛋白质的食材在200℃的高温下便会产生致癌物，损失维生素，形成反式脂肪酸还有致癌的油烟和苯并芘……大量冒油烟才放菜的烹调习惯早该改改了！

做菜的合适油温很容易测定。先扔进去一小片葱白，看四周是否冒泡。如果泡太少就说明温度不够，如果泡多而不变色就是温度合适，如果颜色很快从白变黄就说明温度已经过高。这时候把手放在锅的上方，感受一下温度。记住这个温度，以后就在这时候放菜。

低脂又美味的绿叶菜吃法

凡是经常在外就餐的人，大多都深感餐馆食物之油腻。无论是烹调肉类还是蔬菜都大量放油，炒蔬菜泡在油里，汤的表面也汪着厚厚一层油。无论怎样叮嘱服务员做菜少放油，就是不起作用。有次在某市出差，实在忍不住，就向服务员要个小碗，把汤表面的油撇出来再喝——通常都能达到多半碗甚至一碗。炒青菜呢，就在加了醋的热水里涮一下，把表面的油去掉一些再放进嘴里。

厨师常把一句话挂在嘴上：油多不坏菜。素菜尤其要多放油，这叫素菜荤做。这些话相当奇怪。菜应当浓淡相配，有的浓郁，有的清爽，怎能所有的菜都泡在油里？鲜美的汤本身就很好，上面汪着厚厚一层油并不会增加它的美味啊！而且，我根本没觉得餐馆里所谓的"素菜荤做"好吃，还远不如自己在家炒的蔬菜好吃，除了油腻的感觉，只有味精的味道，单调得很。口感也往往把握得很不到位，说软不软，说脆不脆，也难怪小朋友们不爱吃了。

很多朋友都问过我，说自己不会烹调绿叶菜，怎么做都不好吃。其实，不油腻的绿叶蔬菜很好做，而且很美味。这里就给大家说说我最常用的三个方法。

方法一：白灼

这个广东传来的方法非常科学，经过改良就能变成健康的烹调方法。先烧一锅水，烧开后撒入一小勺油和一小勺盐（传统上白灼蔬菜用盐，是因为钠离子有助于保持菜叶的绿色，在北方碱性水条件下可以省略，因为碱性水本身就能保持绿色，自然是不放盐更健康）；把蔬菜洗净，分批放进滚沸的水里（一次4两左右为宜，看水多水少），盖上盖子焖大约半分钟。再次滚沸后立刻捞出，摊在大盘中放凉（夏天大盘最好放冰箱预冷，效果更好）。

在锅中加一汤匙油，按喜好炒香调料（如葱姜蒜等），加入两汤匙白水，再加鲜味酱油或豉油1汤匙，马上淋在蔬菜上即可。或者可以用冷调法，加少量酱油或盐，再加少许醋和香油来拌。按喜好可以加入胡椒粉、辣椒油、鸡精、熟芝麻等来增加风味。记得调味汁的咸味一定要淡一点，如果焯菜的时候已经放了盐，后面就不要再放了。

这种方法简便快速，菜色鲜亮，脆嫩爽口，不会让菜变得粗韧难嚼。

方法二：炒食

锅中放两匙油，加入自己喜好的香辛料，如葱姜蒜等，但我个人推荐加花椒或大茴香——这样才是真正的素菜荤做，炒出来有类似于荤菜的香气，让绿叶蔬菜一下子变得格外生动美味。

记得一定要用不粘锅或者无油烟锅，减少PM2.5排放，也能轻松大幅度减少用油哦！

香辛料下锅用中小火，稍微煸一分钟，让香气溶入油中。然后转大火，立刻加入蔬菜翻炒，通常也就炒两分钟。如果菜不太容易熟，可以盖上盖子焖半分钟，让蒸汽把所有菜熏熟。赶紧关火，加入少量盐翻匀即可。如果喜欢的话，起锅时关火，立刻加半汤匙生抽酱油翻匀，可以起到勾边提香的效果。如果喜欢加鸡精或味精，一定要减少加盐的量，避免钠过量。但如果放了香辛料，火候又掌握得好，不加味精也很好吃。

方法三：油煮

先烧一碗水（当然，如果是鸡汤、肉汤最为理想啦！水千万不要多到没入蔬菜的程度），加入1汤匙的香油（如果是鸡汤肉汤，自带少量油，就无须加香油了）。可以按喜好加入香辛料，比如几粒花椒或几粒白胡椒，也可以加入肉片、海米、蘑菇片、木耳等食材，小火先煮几分钟，让汤味更鲜。沸腾后加入特别容易煮的青菜，比如蒿子秆、鸡毛菜、嫩苋菜之类，也可以放入西蓝花、白色菜花等。翻匀之后马上盖上盖子，焖1分钟，再打开盖子煮1分钟，关火盛出，加入少量盐或鸡精调味即可。

鲜嫩的蔬菜这样做已经足够好吃，有上汤蔬菜的感觉，柔软可口。特别是的容易炒老的蔬菜，或者本身纤维多一点的绿叶蔬菜，适合用这种煮食的方法。这个油煮法是我家原创，秘诀就在于放水少，蔬菜加入之后盖上盖子连煮带蒸，最后连汤食用，营养素损失少。其中少量油脂起到软化纤维的作用，没有油烟，又不会带来过多的脂肪。

方法四：蒸食

很多蔬菜都适合蒸熟吃，比如南瓜、土豆、芋头、胡萝卜等。但是，绿叶菜也能蒸熟吃吗？其实我国的传统烹调中早就有了蒸绿叶蔬菜的先例，比如湖北的"沔阳三蒸"，河北、河南、山西等地流行多年的"蒸菜"或者"麦饭"。

这类蒸菜的做法，就是把芹菜叶、萝卜缨、蒿子秆、小白菜等绿叶菜切碎，撒上一些面粉、玉米粉或豆粉，轻轻抓匀之后，放在锅里蒸十来分钟，就充分熟了。这时面粉吸收了水分，均匀地裹在蔬菜表面，既能防止水分散失，又能给蔬菜裹上一层薄薄的"糊"，让它容易沾上调料。关键是控制蒸菜时间，不要蒸得过久，影响颜色和风味。

然后，用蒜泥、香醋、香油、花椒油、辣椒油等配成调味汁，浇在蒸菜上，这样做成的蒸菜香浓可口，真的非常美味！

只要调味时少放盐，先吃蒸菜后吃其他饭菜，非常有利于控制血糖、血压和血脂，称得上是保健烹调方法。

美味又健康的肉食做法

说过了如何清淡烹调蔬菜，有很多朋友会问，肉食能不能清淡烹调还保持美味呢？当然也是可以的。

肉类往往是膳食中脂肪的来源，但不同的肉类脂肪含量差异甚大，因为烹调方法的不同，成菜中脂肪含量的差异也非常大。油炸、油煎、红烧等烹调方法往往提高本来脂肪低的肉类的脂肪含量，而白煮、清炖、烤箱烤制等方法不仅不会提高脂肪含量，还能令脂肪含量高的食物"出油"。

方法一：清炖

清炖就是不加油，直接把肉放入铁锅或砂锅中，加入适量的冷水，水量不用太多，能淹没肉即可。

肉下锅之前是否要用沸水焯烫一下，要看肉的品质和种类以及烹调的目的。一般来说，新鲜鸡肉是无须提前焯烫的，优质新鲜牛羊肉也不需要。但是，大部分猪肉或者质量不太让人满意的牛羊肉最好先做焯烫处理，直接下锅可能味道不正。我曾用有机山黑猪的排酸肉试过，即便不焯烫，味道也足够好。此外，如果想要吃肉，热水下锅或烫久一点亦无不可，但如果兼要用汤，焯烫时间也要短，去掉血水即可，而且必须冷水下锅。

在锅中加入香辛料，比如姜片、花椒、桂皮、月桂叶等，按照不同肉类食材调整用量。一般来说，猪肉味臊，需要加入一两粒大茴香；而牛肉味正，不用加这种味道过浓的香辛料，加姜片、月桂叶和少许小茴香即可。鸡肉除了加姜片和月桂叶之外，可以加几粒花椒，味道更香。当然，这些都可以按个人喜好进行调整。调味料不宜过多，以免夺去肉本来的香味。

加好调料之后，先用大火烧开，然后改成小火慢炖。炖煮的时间，鸡肉需要半小时，猪肉需要1小时，牛肉需要更长的时间，一直到汤香气扑鼻，肉柔软好嚼为止。此时再加入盐、鸡精、胡椒粉等进行调味，然后上桌食用。还可以在起锅前15分钟加入其他配料，如白萝卜、胡萝卜、土豆等，蘑菇、木耳、笋片、海带等耐煮的材料则可以在开始炖煮时便加进去，煮的时间长，味道更鲜美。

隔水炖多半也属于清炖，常用于保健食材的制作。就是把食材放在有盖的小陶罐或磁盅里，然后放在蒸锅中长时间蒸炖。这种炖法不会散失香气，味道自然也好，只是量太少。

上桌的时候，撇去浮油，撒入香葱花、香菜末等。只要材料足够新鲜优质，清炖出来的味道能令人非常满意。

方法二：白煮

白煮的方法和清炖比较像，只是需要多加水。加入香辛料，煮到肉质软烂为止，完全不放油和盐。然后捞出其中的肉，用酱油或特别配制的调味汁来蘸食。飘着少许油的汤也不浪费，可以拿来煮蔬菜吃。这样就用一份食材的脂肪做出两份不错的菜，而且不用额外用油。

这种方法适合本身脂肪偏高的食材，比如排骨、鸡翅、牛腩等，它对于食材的新鲜程度要求是最高的。

方法三：凉拌

把白煮的方法略微改改，肉块切大一些，煮到八成软就捞出来，就可以用来凉拌。把这些肉切成薄片或者把鸡撕成肉丝，放进大碗里，然后加入各种调味品做成凉拌菜，味道也是非常不错的。调味的风格可以做成麻辣风格、咸鲜风格、蒜香风格、葱香风格、怪味风格等，各有美味。过去老北京有道名为"蒜泥白肉"的菜，用的是五花肉片，其实换成瘦肉片也一样好吃。

甚至，这个方法还可以推广到回锅肉上。把肉煮到七成软，然后切成片或丝；在蔬菜快炒熟的时候，加入这些熟肉片、熟肉丝翻一下，最后淋点酱油出锅即可。这样就免了给肉丝过油的麻烦，还能赚一锅好肉汤，拿来做汤、做菜、煮汤面或馄饨等。

方法四：酱炖

还有很多人喜欢颜色深浓、香气浓郁的酱肉。制作方法也不难，只要把清炖的方法稍微改一改即可。锅要用铁锅，在清炖到一半时加入两勺大酱（纯黄豆做的酱），再加少量冰糖继续炖，让酱的香气和咸味慢慢地渗透进去，比直接用酱油效果还要好。等到肉变软的时候，再打开盖子，把火稍微开大并不断翻动，让水分浓缩一些，就可以得到类似于酱卤肉的效果了。这种方法方便又少油，不产生任何致癌物质，还不会产生油烟、不污染厨房。

其实，古人做红烧肉就是用类似的方法。当年苏东坡说"慢着火，少着水，火候足时味自美"，实际上并没有把肉放在油里炒，更没有上糖色。只是把肉放在锅里加水慢炖，再加些调料。苏东坡那时候有豆酱，但酱油还没有普遍出现，所以他很可能是用盐、糖、料酒和酱来调味的。不过这些调料不能早加，因为古人早就认识到，"炖肉加盐过早则难烂"，所以在炖到半途之后再加最理想。

方法五：烤制

有油的肉类最适合用来烤制，用烤箱、电饼铛或空气炸锅都能达到效果。比如说，鸡翅用酱油、姜汁稍微腌制一下，放在电饼铛上，用"烤鸡翅"那一挡上下火两面烤9分钟就可以了。取出之后装盘，撒上一点椒盐（花椒粉在平锅中烤香，和精盐以1∶1的比例混合），吃起来香美可口，方便极了。

烤制操作简单，不需要加任何油脂，还可以根据蘸料的变化调整口味。喜欢辣椒粉、孜然粉也好，喜欢胡椒粉、花椒粉也好，都可以轻松调整。还可以配合洋葱、香葱、香菜、生菜等各种生鲜蔬菜食用，口感更为清爽。

方法六：蒸制

市场上售卖的蒸肉米粉里已经加了盐和其他调味料，蒸肉的时候，可以把猪肉、牛肉、鸡肉等切成块，拌上米粉，然后直接蒸熟。也可以加入糯米、芋头、土豆等食材一起蒸，吸收蒸出来的油脂。

蒸是营养素损失最少的烹调方法，既不需要放一滴油，也不需要在锅边辛苦守候，只要把电蒸锅定好时间，就可以去忙其他事情了，时间到了电蒸锅会自动断电，然后把美食取出来享用就好了。

3. 控盐才能保健康

高盐饮食有多伤身？

人们习以为常的盐，看似不属于食品添加剂，似乎也没有毒性，但事实是——盐是一种应用最为久远的食物添加物，也是"最传统"的防腐剂。几千年的使用让人们忘记了它的毒性。

说它是防腐剂一点也没错，因为无论什么容易腐败的食品，只要放入大量的盐就能在室温下长期保存，连最无孔不入的微生物也无可奈何。而盐之所以能有这样的防腐作用，主要原因在于它们能牢牢地束缚水分子，让水分子像固体一样不能运动，微生物不能利用食物中的水，食物中的酶在缺水状态下也无法发挥活性。

这种作用用在食品保藏中固然可以，但在人体中可就会带来极大的麻烦了。首先，摄入过多的盐意味着消化道黏膜细胞会因为缺水而受损。人的肠道对盐中的钠离子几乎是百分之百地吸收，大量的钠离子进入血液会导致血液的晶体渗透压升高，组织中的水分子就会向血管内移动——是大量的钠离子吸引了这些水分子，而身体最外层的皮肤当然也会受害而缺水。用大白话来说，人们吃太多的盐就是把自己做成腌萝卜，只不过这种腌制是从身体里面开始的。

有人会说，多吃盐没关系，多喝点水不就行了么？事情没有那么简单。摄入大量的盐之后，人体确实会感觉到渴，于是会多喝水。然后这些水分子很快就会进入血液，然后被血液里的钠离子牢牢吸引，使血管膨胀、升高血压。这时候，人也会看起来有点"肿"。

有人又会问了，超过需要的盐，排出去不就没事了？怎么会长时间造成皮肤轻度肿胀呢？这是因为人体好像很不情愿把钠离子排出去。血液里多余的钠离子被肾小球过滤之后，又在肾小管被重吸收回来，只有很少一部分的钠会从尿液中排出去，所以多余的钠需要时间来慢慢地清除掉。当然，那些被钠离子束缚住的水分，也会和钠离子一起缓慢地从肾脏排出，但在此之前，它们会让身体肿胀一段时间，血压也会跟着升高一段时间。

如果吃了很多盐之后，怕造成肿胀而不多喝水呢？那就会造成组织脱水。无论是肿胀还是脱水，只要多吃盐都对皮肤健康和美丽容颜不利。

很多女生发现用水果替代零食之后，自己的皮肤有所改善，其实并不一定是因为水果本身有什么美容作用，而是因为吃水果的时候不会引入盐分，水果中的水分能够很好地被身体利用，包括皮肤组织。质地干燥的零食不仅干燥缺水，还含有大量的盐（钠离子），它们会夺走身体的水分，所以即便不考虑营养价值，仅从补水角度来说，也不利于皮肤的健康。

即便你不在乎皮肤的健康，也很难忽视多吃盐给自己和家人带来的其他麻烦。

——吃过多的盐会增加罹患胃癌的风险，这个结论已经得到循证医学的公认。

——吃过多的盐会增加罹患高血压、冠心病和脑卒中的危险。中风发作在我国中老年人中十分常见，轻则致残，重则致死，而控盐是预防脑卒中发生最重要的措施之一！

——吃过多的盐会增加肾脏的负担。所有肾功能下降的人都必须严格控制盐的摄入量。婴幼儿的肾功能没有发育成熟，早早多吃咸味食物也会对肾脏造成极大的压力，甚至造成慢性中毒。

——很多女性朋友都有感觉，在月经来潮前的几天，眼睛和脸会有点肿胀，肚子有点胀，头也有点涨。如果有意识地在经前少吃盐和其他咸味的东西，这种不适感就会明显减轻。

——很多人有偏头疼的毛病，如果少吃盐，头疼的发作往往能够有所缓解。有国外研究发现，摄入大量盐是诱发头疼的一个重要因素。

——吃盐会增加尿液中钙元素的排出量，从而增加骨质疏松的危险，这一点已经得到了证实。对于膳食钙摄入不足、患骨质疏松症概率大的中老年人来说，这更是雪上加霜。这些从肾脏排出的钙还会增加肾结石形成的风险。

——吃咸味重的食物会让咽喉非常难受，组织脱水时更容易发炎，也会降低黏膜对病毒和细菌的抵抗力，所以，患咽喉炎症的人更要避免过咸的食物。此外，还有少数研究提示高盐饮食可能增加喘息和哮喘发作的风险。

所以，为了健康和美丽，要想办法控制三餐的总盐量。

出汗会排出盐分，之后衣服上会有一层白色的"汗碱"，其中主要成分就是盐。几十年前，人们的工作以体力活动为主，日常家务劳动也很繁重，说得上是"交通完全靠走，工作完全靠手"，又没有空调，出汗的总量非常多，排出的总盐量也比较大。特别是一些干力气活的工人，天热出汗多的时候甚至还需要额外补充淡盐水。有些老年人认为"不吃盐就没力气"，其实就是因为过去出汗多。

但是如今生活环境已经发生了极大变化。那些既很少运动流汗、工作不需要消耗体力，又总是待在空调房里的人们特别要重视控盐，因为吃进去的盐实在消耗不掉。

目前，我国居民的平均摄入钠量相当于每日5克的推荐值的两倍，减盐任重道远。《中国居民膳食指南（2016）》中提出"少盐少油，控糖限酒"的主张，第一条就是限盐，把每日摄入的盐控制在6克以内。

以下人群更应该注意少盐饮食：

——孕妇吃盐过多可能促进水肿，增加妊娠期高血压的患病风险。

——周岁以内的婴儿肾脏没有发育成熟，无法及时排处过多的盐，所以不能吃任何加盐和味精的食物，天然食物本身含有的钠离子已经足够满足他们的身体需要。

——老年人往往味觉退化，对食物的咸味感知能力下降。但他们的血管老化，更难以承受高盐食物带来的中风危险。

总之，为了家人的美丽和健康，不妨经常提醒他们，远离过量吃盐的坏习惯。把浓味美食限制在每月两三次的数量上，日常烹调清淡少盐，味蕾的敏感度就会逐渐上升，日常食物也变得更加美味，能体验到以前从未体验过的自然风味之乐趣哦！

减盐不减美味的烹调妙招

在上一节中说到吃盐过多会带来多种健康危害，不仅损害容颜和身材，还会增加高血压、中风、冠心病、肾病、胃癌等疾病的患病危险，也可能加重偏头痛、咽喉炎、经前期不适等。

但是，限盐应当怎样限呢？除了不要追求重口味的菜肴之外，家庭烹调中可以采取以下减盐措施。

1. 不要吃加盐制作的主食，比如各种咸味的饼、加盐和碱制作的挂面和拉面、加盐发酵的面包，等等。如果实在想吃拉面之类的快餐，咸汤就别喝了，额外喝些茶或白水吧。

2. 尽量少吃加工肉制品，比如咸肉、火腿、培根、香肠、灌肠、火腿肠等。这些产品的盐含量真的非常高。如果实在想吃的话，尽量做到偶尔吃，而且一定要配合不加盐或少盐的食物一起吃。

3. 不要贪吃那些加了盐的零食。薯片、锅巴、蜜饯、瓜子、鱼片干、鱿鱼丝、调味坚果之类的零食中都含有大量的盐，吃多了真的会把你的口腔和咽喉变成"腌肉"。

4. 不喝咸味的汤，改成小米粥、玉米片汤、茶水之类完全不含有盐的流食。按正常的咸味感知来说，一小碗汤就含1克盐。

5. 做凉拌菜时多放醋，加少量糖和鸡精增加鲜味，不要放盐，或者至少做到凉拌菜上桌前才加盐。不要先用盐把蔬菜腌半个小时，等出了水，把水挤掉，再放盐和香油调味，那就会吃进去更多的盐。

6. 炒蔬菜时尽量在起锅时，甚至起锅后再放盐。晚放盐不仅能够防止过多的盐进入食品内部，也能减少维生素C的损失和炒菜中的出水量。

7. 咸菜和未加盐的菜搭配着吃。例如吃一口乱炖之类的浓味菜，配原味的生菜，或者直接把小番茄、黄瓜丁这种原味菜放在桌上，配浓味的菜吃以达到爽口的目的。

8. 吃火锅、紫菜饭卷、蘸酱菜之类食物的时候，蘸料尽量少蘸一点，吃的速度慢一点。慢慢咀嚼，细细品味食物的原味，可能会享受到更多的饮食美感。

9. 吃饭速度慢一点，尽量减少吃快餐的次数。国外研究发现，快餐中的盐含量通常会明显高于家庭制作的饭菜。这是因为快餐是匆匆忙忙吃掉的食物，人们在狼吞虎咽的时候，舌头和食物的接触不充分，通常会首先感知到浓烈的味道，而很难体会其中细腻的食物原味。

10. 隔一天吃一顿无盐餐，比如早餐或晚餐完全不吃咸味的食物。这个其实很容易做到，以市售早餐谷物片为主食，配一大杯豆浆、牛奶或酸奶，加点葡萄干、杏干、枣肉等水果干调味，再吃些小番茄和水果就行了。也可以把谷物片换成燕麦粥，加水果干和原味的烤芝麻增味。总之，根本无须放盐和酱油。

如果你对自己的皮肤状态不满意或者苦于经前不适、头疼、嗓子疼等小问题，不妨试试以上10种减盐方法。或许几周之后，你就会感到身体更加清爽了。

@ 范志红_原创营养信息

做菜时放了鸡精就不再放盐，总钠量能略减；可惜大部分人放了鸡精、味精，盐也不少放。各位父母要注意，不要因为孩子不爱吃饭就用鸡精或味精提味。幼儿的味觉极其敏锐，绝不能按成年人的味觉喜好来烹调幼儿的食物。从小习惯淡口味，会让孩子受益一生。

4. 低温烹调更健康

淀粉也能烹出致癌物?

媒体上曾出现这样一条信息，某些国际大品牌的食品被指致癌物超标，甚至包括婴幼儿食品和早餐麦片食品。这条消息让很多妈妈十分紧张，因为这里所说的致癌物"丙烯酰胺"虽然不属于高毒物质，却属于可能致癌物，人们担心长期大量摄入丙烯酰胺有可能增加一些癌症如肠癌等的患病风险，因为它能够和人体的DNA发生反应。还有一些喝咖啡的朋友会感到不舒服，因为咖啡和饼干这些下午茶和加餐中的常规食品也都被证实含有相当多的丙烯酰胺。

其实丙烯酰胺并不是什么罕见的东西，几乎所有高温烹调的含淀粉食物中都有它的存在。丙烯酰胺在工业中有广泛的应用，在化学实验室也常见其踪迹。做生物化学实验的丙烯酰胺凝胶电泳时，老师曾经忠告过，丙烯酰胺具有神经毒性。

很多年以来，人们一直坚信淀粉类食物高温加热不会有任何不良物质产生，焦糊后甚至还有助于消化。比如，人们吃烤糊的馒头片来治疗胃病，吃烤焦的麦芽来治疗消化不良。不过，就在10年前，瑞典科学家发现高温加热的淀粉类食物会产生丙烯酰胺，而且数量还不算少。

这个发现相当轰动，在短短的10年中，国际上已经有了几千种食品的丙烯酰胺检测数据，而且大致弄明白了这个东西到底是从哪里来的——它是含蛋白质食品和含淀粉类食品中的某些氨基酸和糖类在高温下发生复杂反应的结果，和美拉德反应有密切相关。在食品加工之前，根本没有这种东西存在；只有在加热之后才会产生大量的丙烯酰胺。

毒物是怎么来的?

根据研究结果，丙烯酰胺有几个主要的来源（对化学了解不多的朋友可以忽略这部分）:

一是从氨基酸生成丙烯酰胺。比如，天冬酰胺（Asn）在受热之后，脱掉一个 CO_2 和一个 NH_3，即可转化为丙烯酰胺。凡是富含天冬酰胺的食物都非常容易产生丙烯酰胺，比如土豆、麦类、玉米等。

第二个途径，是氨基酸和淀粉类食物中的微量小分子糖在加热的条件下发生"美拉德反应"生成丙烯酰胺。只要是含淀粉的食品，一般都会同时含有一些蛋白质，比如所有的主食、所有的薯类、所有的淀粉豆类。不过，各种氨基酸合成丙烯酰胺的"能力"有所不同。其中以天冬酰胺为最，其次是谷氨酰胺（Gln），再次是蛋氨酸（Met）和丙氨酸（Ala）等。淀粉倒是不产生丙烯酰胺，但淀粉分解产生的糖会产生丙烯酰胺，葡萄糖为最，然后依次是果糖、乳糖和蔗糖。

第三个途径，是脂肪和糖降解形成丙烯醛，然后和氨基酸分解产生的氨结合，形成丙烯酰胺。凡是油炸的食品，都会发生油脂热氧化反应，而反应产物之一就是丙烯醛，它是一种挥发性小分子物质，和油烟的味道有密切关系。油炸食品特别容易产生丙烯酰胺，这是理由之一。此外，蛋白质氨基酸分解也能产生少量的醛类，其中包括丙烯醛。

食物越香越浓重，毒物含量越高？

一般来说，丙烯酰胺的产量，和食物中美拉德反应的程度呈正相关。同一种含淀粉食物，经过热烹调之后颜色越深重，香味越浓郁，丙烯酰胺的产量也会越高。

而且丙烯酰胺产生的"最佳条件"和美拉德反应几乎完全一致。比如这个反应在 130℃ ~ 180℃ 最容易发生，120℃ 以下产量非常少，160℃ 以上产量快速增加，而 160℃ 正好是人们日常炒菜和油炸的起点温度。

"美拉德反应"是烹调中最受人们热爱的反应，它让食物产生美妙的香气和诱人的颜色。人们把白色的面包坯和蛋糕坯放入烤箱，烤成时就有了红褐色的颜色和浓浓的香气，而这颜色和味道全赖"美拉德反应"所赐。如果没有了这个反应，烤千层饼、炸油条、炸麻花、烤饼干、炸薯片等食品就不会有表皮颜色的改变，也就没有了香味，那还会有谁想吃它？虽然会减少食品里必需氨基酸的含量，特别是赖氨酸，但为了美味，人们也不觉得可惜。不过，减少氨基酸人们能承受，一听说能生成疑似致癌物丙烯酰胺，人们还是会有点担心的。

在问题食品中，含大量丙烯酰胺的速溶咖啡并没有引起很大关注。其实经过烤制的咖啡本来就不是个绝对"安全"的食品，其中不仅有丙烯酰胺，还有微量的 3, 4-苯并芘，而苯并芘的毒性高于丙烯酰胺。鉴于人们实在喜欢喝咖啡，每天的饮用量也就几克，它实际带来的丙烯酰胺摄入量并不算高。

相比之下，饼干的数据引起了更大的关注。英国食物标准局的检测证明，某种"儿童手指饼干"中的丙烯酰胺含量达到598微克/千克，而某种姜汁饼干甚至达到1573微克/千克。妈妈们非常担心，幼小的孩子解毒能力远不如成年人，宝宝的身体能处理得了这么多有害物质吗？

远离丙烯酰胺的对策

到底哪些食品丙烯酰胺含量最高，怎么吃才能减少和它接触的机会呢？

先说说哪些食品的丙烯酰胺含量最高。国内外检测数据表明，最容易发生丙烯酰胺超标的食品是各种油炸的薯类食品如炸薯片、炸薯条、炸土豆丝、炸甘薯片等，还有油炸面食品如油条、油饼、薄脆、排叉、馓子等，以及焙烤食品如饼干、曲奇、薄脆饼、小点心等。

不过，即便不是这些专门制作的油炸、焙烤食品，含淀粉类食物在日常烹调中也有机会产生丙烯酰胺。比如说，如果把馒头做成油炸馒头片和油煎馒头片，摄入的丙烯酰胺就会大大增加；把米饭底做成锅巴，就比米饭含有的丙烯酰胺多；烤得很香的油酥烧饼也会比普通发面饼或大饼的丙烯酰胺含量高。

还有研究发现，用微波炉来烹调米饭（烹调时间较长），会大大增加其中的丙烯酰胺含量，尽管含量仍然不算高，和煎炸食品还有很大差距，但也引起了不少人对微波炉加热的担心。可能的原因是米粒是一个"包裹"得很严实的颗粒，和蛋黄的情况类似。微波加热的时候，米粒内部的热难以散出，可能造成米粒中心部分出现过热，超过120℃的情况，从而增加了丙烯酰胺的产量。有研究表明，使用微波加热时，只要把功率调低一些，产生的丙烯酰胺数量并不多。因为加热时间缩短，用微波炉制作爆米花所产生的丙烯酰胺量甚至还略低于使用普通锅制作。目前并没有数据能证明一两分钟的短时间微波加热，而且最终温度只有60℃~80℃的情况下（热剩饭剩菜到这种程度就可以了），会产生大量的丙烯酰胺。

　总的来说，要想远离这种物质，只要遵循以下一些饮食原则就行了：

（1）主食烹调中尽量采取蒸煮炖方法，少用煎炸烤方法；

（2）尽量少吃各种油炸食品，比如油条、油饼、馓子、麻花、排叉、炸糕、麻团等，炸蔬菜丸子、炸肉味淀粉丸子、裹面糊的炸鱼炸虾等也要少吃，因为它们都加入了淀粉；

（3）尽量少吃烤制、煎炸、膨化的薯类制品，如炸薯片、炸薯条、炸土豆丝、烤马铃薯片、炸甘薯片等；

（4）如果要进行炸烤烹调，尽量把块儿切大点，片儿切厚点，不要太薄；

（5）烤馒头片、面包片不要烤到太黄的程度；

（6）饼干等用面粉制作的零食，颜色越深，丙烯酰胺含量越高，宜少吃；

（7）少吃颜色变深的香脆膨化食品，哪怕是非油炸加工品；

（8）不要过早给幼儿吃各种饼干，早餐谷物脆片也要小心，更不要给他们吃薯片和任何煎炸食品。购买婴儿用焙烤食品的时候，尽量选择颜色浅的产品；

（9）微波炉加热淀粉类食物时，注意把火力调低一点，在保证食物达到可食用状态的前提下，尽量缩短时间。这样不仅丙烯酰胺的产生量少，对于保存营养来说也是最理想的。

　其实，食物中产生的丙烯酰胺只是值得人们注意的一个问题，并不是饮食中健康隐患的全部。油炸所产生的麻烦，以及精制糖和大量盐所带来的健康害处，要比微量的丙烯酰胺更让人担心。丙烯酰胺的发现，只是给了我们更多的理由，坚持不吃煎炸主食、少吃各种甜点饼干，不要过度追求口感。坚持这样的原则，才能保护我们的身体少受伤害。

小心食品中的"糖化毒素"

　　我写过一篇讨论怎样烹调鸡蛋最不健康的博文,其中提到了"糖化蛋白"这个概念。于是有些医生问我,食物中的糖化蛋白和人体健康有什么关系?食物中的蛋白质和糖不是会被消化道分解吗?它怎么可能直接致病呢?

　　鉴于这样的疑问,这里再讨论一下食品中的糖化蛋白问题。它到底是消化之后就彻底无害的成分,还是货真价实的食品毒素?

食品中的糖化毒素

　　患上糖尿病的人以及从事慢性病治疗的医生都知道,"糖化蛋白"是个坏东西,特别是晚期糖基化终产物(AGEs)。它几乎被看作是毒素,在糖尿病和多种慢性病中都是重要的致病因素。人们知道,它是糖、脂肪中的羰基和蛋白质、核酸等物质的游离氨基之间发生"美拉德反应"的产物,而且具有高反应活性。这种反应在正常生理反应中难以完全避免,但是如果反应过度,高水平的AGEs进入组织器官中就会造成组织损害,破坏正常细胞的结构和功能,从而引发一系列疾病。

　　除了体内,食物在烹调过程中也会产生AGEs,而且数量相当多。动物性食品以及脂肪含量高的食品中,往往都含有相当高水平的AGEs,特别是经过炭烤、烧烤、炖烧、油炸、干煸等烹调方法制作出的食物AGEs水平特别高。这些烹调方法制作的食物往往口味诱人,很多人都钟爱。研究数据表明,现代饮食当中AGEs的总量往往是惊人的。

　　不过问题在于,既然体内产生AGEs很糟糕,是否食物中含有的AGEs也一样?过去,医学界认为食物中的AGEs无关紧要,因为在消化道中,蛋白质会被分解,羰基也会被切下来。

　　然而,最近20年来的研究证明,食用含有大量晚期糖基化终产物的食品的确会提高实验动物和人体组织的AGEs含量,而且有促进动脉硬化、肾脏疾病、糖尿病等多种疾病发展的作用。而且,让患有糖尿病、心血管疾病和肾脏病的患者严格限制膳食中的AGEs也的确起到了预防疾病恶化、提高胰岛素敏感、促进创伤愈合以及延长生命的作用。研究证实，限制膳食中的AGEs的确能够降低体内氧化应激指标和炎症反应指标。

因此，可以这么说，如果能够减少食物中的AGEs摄入量，对于人体预防慢性疾病的发生和延缓身体衰老，可能是有所裨益的。把食物中的晚期糖化蛋白产物称为"糖化毒素"，也不过分。这类毒素或许不属于食品安全问题——它是人们自觉自愿地制造出来的，自觉自愿地吃下去的，但它们的确会影响人体健康。

糖化毒素哪里来？

那么，这些AGEs或"糖化毒素"在哪些食品中比较常见呢？

其实，糖化蛋白产物在日常食品中普遍存在，但不同食品中的含量相差甚大。

牛肉、黄油、各种不新鲜烹调油等富含油脂的食物一般含有较多的糖化毒素，这是由于脂肪氧化后会产生大量活性羰基，加速糖化蛋白的产生。比如煎牛排中糖化蛋白的含量高达1005.8万单位/100克，烧烤的鸡皮中是1852万单位/100克，煎培根中居然高达9257.7万单位/100克！

主食、豆类等以碳水化合物为主的食物含量相对较少。比如米饭中只有9000单位/100克，面包为10万单位/100克左右，煮土豆是1.7万单位/100克。只有加了脂肪一起高温加工后，它的糖化毒素才会明显升高，比如洋快餐的炸薯条中就上升到152.2万单位/100克，某洋品牌的土豆脆片产品平均是175.7万单位/100克，巧克力曲奇是168.3万单位/100克。

新鲜的蔬菜、水果、牛奶、鸡蛋等属于糖化蛋白含量很少的食物，如全脂牛奶中的含量是5000单位/100克，番茄2.3万单位/100克，胡萝卜罐头是1万单位/100克，烤苹果为4.5万单位/100克，葡萄干12万单位/100克。这可能是由于蔬菜、水果等食材中富含抗氧化物质，可以抑制体内及体外糖化蛋白的产生。

因此，为了减少食物中糖化蛋白的摄入，糖尿病病人要少吃高脂肪的食物，多吃蔬菜并适量食用低糖水果，这样有助于减少糖化蛋白的摄入，同时对控制体内糖化蛋白的产生也有积极的作用。

相较于天然食品，很多加工食品都可以说是糖化毒素的储存库，比如饼干、薯条以及一些腊肉食品都含有极高的糖化毒素。这是因为它们由含有大量饱和油脂（黄油、氢化植物油）或采用饱和程度很高的棕榈油炸制；烘烤及油炸的温度高，产品水分少；同时原料中富含碳水化合物和蛋白质——这些都有利于生成糖化蛋白。可以说这几类食品的制作过程就相当于糖化蛋白的加工，因此慢性病患者一定要避免食用这些食物。

厨房会造出糖化毒素

即便选择了低糖化毒素的食材，比如新鲜的奶、蛋、蔬菜和粮豆，食物进入人们口中却还要经历一项重要的步骤——烹调。前面讲到，加工往往会大幅增加糖化蛋白的含量，其实烹调方法不当和工业加工一样，都会造成糖化蛋白的大量增加。

例如，鸡蛋属于糖化蛋白含量很低的食品，水煮荷包蛋后是9万单位/100克，黄油炒蛋后升高到33.7万单位/100克，而经过油煎后，糖化毒素含量会升高到274.9万单位/100克，接近牛肉的含量。烤土豆仅有7.2万单位/100克，而家庭做的炸薯条则上升到69.4万单位/100克。可见除了选择合适的食材外，采用适宜的烹调方法更值得人们注意。

总体而言，有助于减少糖化毒素产生的烹调原则是这样的：

（1）烹调时一定要少用油，因为在添加大量油脂的条件下，特别容易生成糖化蛋白；

（2）与富含不饱和脂肪酸的油脂相比，用饱和脂肪酸含量高的油脂烹调后，糖化蛋白含量会有大幅度上升，因此应该尽量避免使用动物油来烹调食物；

（3）避免高温、干燥的烹调条件，用水作为烹调介质最理想——水煮沸的温度不会超过100℃，还能提供高水分活度的环境，非常有利于抑制糖化蛋白的产生。

简单来说，就是在烹调中常用焯、煮、炖、蒸的方法，避免油炸、煸炒、烧烤等处理。

　　总之，食物中的糖化蛋白产物一直被人们忽略，但研究已经证实，食源性的糖化毒素是与疾病和衰老相关的因素，无论是慢性病人还是已经不再年轻的人们，一定要注意这些潜伏在我们身边的隐患食品，如果实在喜爱，也只可偶尔食之，决不能让糖化毒素在餐桌上频频露面。

@ 范志红_原创营养信息

　　含脂肪食物加热超300℃（烧烤、深炸、熏烤等）时会大量产生苯并芘等物质，蛋白质食物加热到200℃以上时会产生杂环胺类物质（油炸、烧烤、过度油煎等），淀粉食品加热到120℃以上时会产生丙烯酰胺（焙烤、油炸、膨化等）。水煮、清蒸、压力锅煮等烹调方法达不到120℃，所以几乎不会产生致癌物质。烤箱温度加热到200℃时只接触食物表面，只要不烤干、有水分蒸发，中心温度不会高于100℃，所以面包表皮含有丙烯酰胺，而内部极少。

致病菌：从速冻食品到厨房安全隐患

速冻食品曾连连曝出含有金黄色葡萄球菌（简称"金葡菌"）的新闻，让人们对速冻食品担惊受怕，超市中的速冻食品纷纷降价，但还是少人问津。

这件事情在某种意义上令人高兴，因为通过"金葡菌"这个词汇，消费者终于认识到，原来食品安全问题不仅仅是食品掺假问题和添加剂滥用问题，还有致病细菌的问题。

人们不仅熟悉了金黄色葡萄球菌，知道它广泛存在于自然界当中，人体和食物中都常见，还知道了它本身不耐高温烹调，但麻烦在于它会产生很厉害的细菌毒素，其中以"毒素A"最为臭名昭著。这种毒素耐热性非常强，煮沸10分钟也难以被破坏，在古今中外引起过不计其数的食物中毒事件。要想避免这种麻烦，就要在生产的全过程中加以控制，一方面要避免金黄色葡萄球菌的源头污染，把金葡菌的数量严格控制住，让毒素的产量减少到不能引起实质性危害的水平；另一方面，要想方设法让细菌得不到好的环境条件，比如低温、冷冻的条件下，让细菌没有"精力"来产毒。

速冻饺子之类的带馅食品，本身是未经烹调的生食物，它的原材料很多，既有鱼肉类配料，也有蔬菜类配料，还有粮食类配料，各种原料中所带的细菌都可能汇聚在一处，互相交流，而清洗、切分、混合、包制过程都在室温下进行，不可能全在冷藏条件下进行，又给细菌的繁殖提供了机会。生产线上工人的个人卫生和机械设备的清洁也是控制致病菌来源的环节。所以，对这类食品，一定要和对待生鱼生肉一样，在冰箱里和菜板上都不可以和熟食品放在一起，吃之前要彻底煮熟杀菌。

其实，千万年以来，微生物造成的麻烦，包括细菌总数过多造成食品的腐败、致病菌超标、细菌和霉菌产生的毒素，一直都是食品安全事故中最重要的关注点。它们引起的死亡和疾病真是数不胜数，即便在发达国家，每年死于致病菌或微生物毒素的消费者仍然数以千计。

那么，为何西方国家人们那么关注致病菌，而中国人却关注比较少呢？其实还是因为老祖宗给我们留下的一个食品安全习惯：什么东西都要煮熟吃，连水都要喝烧开的。

很多人以为这个老习惯太落伍，总觉得煮熟了会损失营养素，却不知道，在食品加工储藏条件很差、食品安全没有任何标准的古代，如果什么都吃生的，没有加热杀菌这个安全保障措施，胃肠道疾病和寄生虫疾病就很容易引起疾病暴发流行，中国恐怕很难在2000年中独占世界第一人口大国的位置。

但我们除了吃加热食物，还经常制作生食和凉菜，这就对食品安全提出了更高的要求。事实上，因为有加热杀菌的保障，不少国人对厨房卫生相当漫不经心，不少家庭厨房的干净程度，还不及有资质的食品加工企业。比如，农村厨房四壁往往没有瓷砖，地面房顶并不平滑，难以打扫，灶台油垢厚厚，不能隔绝蚊蝇老鼠的造访，很多厨房没有冰箱冷藏食物。平日吃了家里的东西之后拉个肚子、腹痛两天，几乎被人们视为平常，只要不出人命，很少把它和食品安全事故联系起来。

即便是都市居民，厨房往往也是家里最不干净的地方（实际上，厨房应当，而且必须是家里最干净的地方！），而且操作中有很多安全隐患。这里咱们就来细数一下那些可能纵容致病菌作乱的环节。

（1）厨房环境：

——厨房地面能否做到每天擦净？

——灶台在每餐做饭之后都进行清理清洁吗？

——每年给厨房整体（包括墙壁和屋顶）做几次大扫除？

——擦餐桌、灶台和洗碗刷锅的抹布，是否能分开使用和清洗？

——洗涤剂、去油烟剂等非食用化学物质，是否能和食物分开存放？

（2）厨具清洗：

——刀具和菜板是否在切一种食品之后马上洗净，再用来切另一种食品？

——用来拌生鱼、生肉、生蛋液的筷子或勺子，是否正在煮沸消毒或彻底清洗晾干之后，再用来接触其他食品？

——每餐做完饭之后，菜板是否彻底洗净，然后控干水分令其干燥？

——锅具和铲子是否及时洗净，然后晾干或挂起？

——刷碗时是否还在用脏乎乎用了很久的抹布？

——餐后是否及时刷碗，避免微生物在剩食物中繁殖？

——洗干净的碗里有水却不控干，而是冲洗干净之后再用抹布擦干？

——各种清洗剂、防霉剂等，能否做到不同时使用，避免发生不良化学反应？

（3）食材处理：

——处理肉和蔬菜，处理生食物和熟食物，是否能分开菜板、刀具和洗菜盆？

——是否固定某些盘子、碗等用来装生鱼生肉，用过之后不再装熟食品？

——用来拌生鱼、生肉、生蛋液的筷子或勺子，是否漫不经心地放在灶台上、菜板上，或扔在放满了碗筷的水池子里？

——是否在浸泡、处理过鱼和肉之后，只是简单冲一下水池，就把蔬菜、水果等放进去？

——蔬菜是否不洗干净就用水长时间泡着？

——食物是否切了很久还不及时烹调，而是在室温下一放就是一两个小时甚至更久？

——是否在没有经验也没有菌种的情况下，就自己勇敢地动手制作富含蛋白质的发酵食品，比如自制豆豉、纳豆、臭豆腐、发酵鱼之类？

——是否随意使用可能有一定安全风险的物质来处理食材，如嫩肉粉、亚硝酸盐、硝酸盐、纯碱、明矾等？

（4）烹调加热：

——商店外购的熟食是否能加热杀菌之后再食用？

——动物性食品能否做到彻底烹熟再食用？

——豆角、豆子、黄豆芽之类含有毒素和抗营养物质的食品，是否能彻底烹熟？

——在夏秋季节，蔬菜类凉菜是否能尽量用加醋、蒜蓉等方式尽量降低微生物繁殖的风险？

（5）个人卫生：

——进厨房之前是否脱去外衣，换上围裙？

——开始烹调操作之前是否洗手？手上的护手霜和脸上的脂粉是否卸去？

——厨房用的擦手巾是否很少清洗？

——围裙是否经常清洗？

——是否经常用脏围裙或抹布来擦干手上的水？

——是否经常披散着头发进厨房，不扎起来，不戴帽子，或不用头巾包起来？

——是否不处理手上的伤口或疖肿等就下厨？

——是否在流鼻涕、打喷嚏、咳嗽时不戴口罩就下厨？

——是否去卫生间后不洗手、不换围裙就继续处理食物？

——接触过生肉、生鱼、生蛋壳的手，是否及时用洗涤液洗净，然后再接触其他食品或者餐具？

——打鸡蛋之后，生蛋壳是否立刻扔进垃圾桶，而不是随手放在案板上或灶台上？

（6）冰箱使用：

——冰箱是否放得太满？

——冰箱各层是否有分工，熟食放在上面，生食物放在下面？

——冰箱中的食物是否能尽量放入有盖保鲜盒，或用无毒保鲜膜、保鲜袋覆盖？

——是否知道各类食物的最佳储藏温度并放到合适的区域？

——冰箱中的食物是否经常检查，避免过期和霉变？

——冰箱是否每个月清洗一次？

——食物是否能切成一次吃完的量，然后冷冻？

——是否能做到食物不反复解冻和冷冻？

（7）剩菜处理：

——刚做好的菜，明知道吃不完，是否能提前拨出一部分放在干净的碗或保鲜盒中及时冷藏，其他部分当餐吃完？

——是否在用餐结束后马上把剩菜剩饭放入冰箱，而不是在室温下保存？

——从冰箱里取出剩食物之后，是否充分蒸煮杀菌（100℃以上3～5分钟）或微波杀菌（中心温度70℃以上）后再食用？

——是否能做到剩食物只加热一次，不反复剩，再反复加热？

——蔬菜类凉菜是否能做到一次吃完，不剩到第二天？

——剩的煲汤炖菜等如果体积大没法放进冰箱，是否能在餐后及时再煮沸，然后密闭不动地放到第二天？

让我们切实提高食品安全意识，不仅要挑剔市售食品的安全性，也要让自己的家庭厨房更安全，不要因为家人不会埋怨我们，更不会向我们追究法律责任，就忽视食品安全隐患。

农残：泡和焯能去掉蔬菜中的不安全因素吗？

每次我去做大众讲座时几乎都会被问一个问题，蔬菜中的农药怎么去掉？是泡还是焯？后来还附加了很多内容，草酸怎么去掉？亚硝酸盐怎么去掉？重金属怎么去掉？

要回答这些问题，先要弄清楚几件事情：第一，蔬菜是最不安全的食品吗？第二，要去掉的这些成分，真的易溶于水吗？第三，要去掉的这些成分，真能从蔬菜细胞里跑出来吗？第四，要去掉这些不利健康的成分，会不会让有益于健康的成分也跑掉呢？

第一个问题：蔬菜真的那么不安全吗？

蔬菜中多少都会有点农药残留，发达国家也不例外。只要它们不超过标准，就无须太担心太纠结。按中国食品安全信息网提供的信息，大城市的超市和市场蔬菜农药超标率和超标程度已经比前些年有明显下降。由于国家陆续禁止了多种高毒高残留农药，目前蔬菜使用的农药毒性较小，降解性较好，在喷药后几天会快速降解，烹调中还会有明显下降，大部分在体内并不会蓄积。所以，只要用国家许可使用的农药品种，残留不超标，就没有想象中那么可怕。

有机食品是不允许使用化学合成农药的，所以合格的有机蔬菜在农药方面的安全性会好一些，但某些环境污染物如六六六也多少会有点残留。因为这类农药百年不能降解，即便已经停用20多年，在土壤和水中仍有残留。这类农药在蔬菜中的残留量还是比较低的，在鱼类、肉类等动物性食品中的含量要比蔬菜中高很多倍，这是因为难分解污染物遵守"生物放大"的规律，越是在食物链顶端的生物，含有难分解污染物就越多，比如六六六等有机氯农药，二噁英、多氯联苯等经典环境污染物，还有汞、镉等重金属。

比如欧盟多次发生过的食品中二噁英污染，当饲料中的二噁英超标40倍时，到了鸡蛋中，就超标200倍以上了，这就是"生物放大"作用的结果。这些数据告诉我们，因为害怕农药而害怕吃蔬菜恐怕并不能保障食品安全，因为鱼肉蛋奶中的难分解农药、重金属和其他污染物的残留量更大。从食品安全角度来说，多吃植物性食品、控制动物性食品要更靠谱一些。

草酸不是环境污染物，存在于所有蔬菜中，但含量差异非常大。只有菠菜、苦瓜、茭白、牛皮菜等有明显涩味的蔬菜，草酸含量才比较高。大白菜、小白菜、油菜、圆白菜之类蔬菜草酸含量甚微，无须关注。至于亚硝酸盐，它们在新鲜蔬菜中含量甚低，通常低于4毫克/千克，几乎无须担心。所以，对于亚硝酸盐而言，买新鲜菜、吃新鲜菜比浸泡、焯水等处理更重要。

第二个问题：要去掉的这些成分易溶于水吗？

目前我国农业中常用的有机磷农药多半易溶于水，六六六之类的有机氯农药则不溶于水。亚硝酸盐易溶于水，而重金属盐多半是难溶于水的。所以泡也好，焯也好，都很难去除有机氯农药和重金属盐。而通过溶水处理去除有机磷农药和亚硝酸盐，还是很有希望的。

第三个问题：要去掉的这些成分在哪里，能从细胞里跑出来么？

目前能找到的数据证明，通过浸泡可以去除蔬菜表面上大部分没吸进去的农药。但是，一旦已经吸入细胞中，浸泡就不起作用了。中国农业大学戴蕴青老师指导的实验证明，用盐水泡也好，弱碱水也好，洗涤灵也好，差异并不大，而且20分钟以上的浸泡不会带来更好的效果。我院的本科生毕业研究也证明，对于菌类食品，浸泡并不能减少重金属的含量。甚至还有研究表明，蔬菜浸泡超过20分钟，亚硝酸盐含量会上升。所以，不推荐长时间浸泡蔬菜。

用沸水焯蔬菜，对于去除有机磷农药的效果是肯定的，而且加热本身对有机磷农药有分解作用，因此烹调之后，有机磷农药含量会大幅度下降。同时，焯菜还能有效去除草酸和亚硝酸盐。我的学生在实验中偶然发现，焯烫时间过长的时候，某些蔬菜的亚硝酸盐含量又会有一个上升，只不过总量仍然很低，还在安全范围之内。

焯的处理对于去除重金属似乎效果不大，可能主要是由于重金属元素常常呈现不溶解状态，或者与纤维素等大分子结合而留在细胞结构中。

第四个问题:浸泡和焯烫,会不会让有益于健康的成分也跑掉呢?

理论上来说，浸泡时间较短，对细胞结构尚未产生破坏之前是不会造成营养素损失的。焯烫则不然，它既能够增加细胞膜渗透性而造成细胞内容物溶出，又会因为加热和氧化导致食物成分发生变化。我的学生所做的实验也发现，随着焯烫时间的延长，蔬菜中的维生素C、维生素B_2等水溶性维生素含量下降，酚类物质的含量也会下降，钾例子也随着焯烫时间的延长逐渐溶入水中，从而损失增大，镁元素也会有部分损失。

不过，焯烫还是可以保存一部分营养保健成分，比如不溶于水的类胡萝卜素和维生素K、不溶于水的钙、铁等元素含量都不会下降。

综上所述，可以得到以下结论:

（1）吃蔬菜并不比吃肉更危险，蔬菜中难分解污染物的含量大大低于动物性食品；

（2）没吸收进去的有机磷农药可以洗掉,吸收进去的也能通过焯水去掉，但它本来就不容易蓄积中毒，加热也容易分解。而有机氯农药和重金属洗不掉、焯不掉，会蓄积起来造成中毒；

（3）一定要先用流水洗净蔬菜,此后可以浸泡一会儿，但时间不宜过长，以20分钟之内为宜，不要搓洗伤害细胞；

（4）焯烫虽然能有效去掉农药和草酸，但同时也会损失很多营养和保健成分。是否要这么做，看自己的选择，如果选择焯烫，请尽量缩短时间；

（5）亚硝酸盐可以通过焯烫去除，但对于新鲜蔬菜来说，这本来就不是个安全问题。新鲜的蔬菜不仅亚硝酸盐含量低，而且营养素含量高，何必要等到不新鲜再吃呢。

无数研究证实，蔬菜摄入量与多种癌症和心脑血管疾病危险呈现反相关，这说明蔬菜吃得越多，人们越能远离疾病。蔬菜里不仅有农药，还有那么多营养成分和保健成分，我们怎能无视呢? 所以，完全没必要因为怕农药而大量吃肉不敢吃菜，多吃菜、少吃肉才是更安全、更健康的选择。

亚硝酸盐：千沸水、隔夜茶、隔夜菜、腌菜真的有毒吗？

很多朋友问，蒸锅水、千沸水等久沸的水，果然含有那么多亚硝酸盐吗？还有很多人问，说隔夜菜、隔夜银耳、隔夜茶对健康有害，也是因为其中含有大量的亚硝酸盐吗？

先来说说蒸锅水、千沸水、隔夜水和久置的开水。

我的答案是：不一定含有那么多亚硝酸盐。为什么呢？

水里的亚硝酸盐是哪儿来的？通常是来自于硝酸盐。如果水中含有高水平的硝酸盐，那么在煮沸加热条件下，可能部分转变成亚硝酸盐。也就是说，只有水中硝酸盐浓度原来就比较高的时候，才会发生久沸令亚硝酸盐增加这种情况。

但如果水质本来就合格，硝酸盐含量很少，那么煮沸后产生的亚硝酸盐就会很少。亚硝酸盐含氮，氮元素不会凭空产生——化学元素不会凭空产生，也不会因为加热而增加或减少，这个基本原理可不能忘记啊！

问题是，我们所喝的水里，到底有没有那么多硝酸盐呢？在农村地区，这是个大问题。饮用水源被含氮化肥、畜禽养殖场的粪便，或者含氮工业污水污染在农村和小城镇是很容易发生的事情。不仅地面水源，连地下水有时都难以幸免。城市的垃圾填埋也可能造成这类地下水污染，因为水源被硝酸盐污染，然后被微生物转变为亚硝酸盐，造成人畜中毒的事件在乡村和小城镇地区时有发生。自来水厂处理很难有效去除硝酸盐，因而保证水源质量是非常关键的问题。

说到这里，很想再说一句：保护环境就是保障我们自己的食品安全啊，这其中当然包括饮用水安全，有多少人能够意识到这个问题呢？

再来说说隔夜菜和隔夜茶之类。它们的麻烦，在于如果原料本身含有较高的硝酸盐，就会被细菌中的硝酸还原酶还原成为亚硝酸盐，过量时可能对人体产生危害。

哪些蔬菜的硝酸盐含量高呢？按照植物学部位来分类，蔬菜中的硝酸盐含量按从低到高排列，依次为：

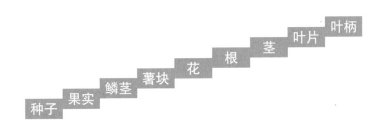

也就是说，豆角、黄瓜、番茄、洋葱之类蔬菜硝酸盐含量原本就很低，无须担心亚硝酸盐问题；而菠菜、韭菜、芹菜和萝卜之类就有这种担心。

但我在博文中已经说过，被媒体爆炒的"超标"隔夜菜中，亚硝酸盐含量实际上是相当低的，完全构不成安全威胁。

我这里的测定也表明，如果烹调后不加翻动直接放入4℃的冰箱，菠菜等绿叶菜24小时之后亚硝酸盐含量约从3毫克/千克上升到7毫克/千克，后者仍然是个很低的量，跟网上报道的数据基本一致。人体吃0.2克亚硝酸盐便可能发生中毒，需要吃近30千克的隔夜菠菜才行，显然这是不可能的，所以吃半斤菠菜完全无须担心。

在以前的博文和电视节目中，我多次告诉大家，吃不完的菜要提前拨出来，然后放入冰箱保存，不要翻动很久后在室温下存放。这样就能很好地控制亚硝酸盐的产生量，保证剩菜的安全性。假如还不放心，可以先把蔬菜用沸水焯过，其中硝酸盐和亚硝酸盐含量大大下降，冰箱保存就更无须担心了。

用餐时翻动过的剩菜我没有检测过其中的亚硝酸盐含量，必定会比7毫克/千克的数值要高，但应当还不至于到达引起危险的程度，目前未曾有因为吃冰箱中存放的隔夜菜而引起中毒的报道。

隔夜茶的道理一样，茶叶属于叶类，硝酸盐含量较高。然而，正常泡茶一杯，不过放1～2克茶叶，硝酸盐的总量是相当小的。按蔬菜中硝酸盐含量的最高水平大约300毫克/千克，2克茶相当于20克鲜叶，一杯茶水的硝酸盐总量只有6毫克，即便全部变成亚硝酸盐，也不至于引起慢性中毒。

相比而言，腌制肉类的亚硝酸盐含量要高很多。亚硝酸盐是嫩肉粉、肉类保水剂和香肠改良剂等肉制品添加剂的必用配料。因此，要小心色泽粉红艳丽，而且从里到外都一样红，口感特别水嫩，味道类似于火腿的肉食，尤其是小作坊、餐馆、农贸市场的产品。

熟肉制品的许可残留量因产品而异，在30 ~ 70毫克/千克的范围内，个别如镇江肴肉可高达150毫克/千克。相比之下，哪怕是剩菜，其中亚硝酸盐含量也明显低于合格的熟肉制品。而人们却绝口不提肉制品不能吃，可见对于蔬菜总是太严格，对于美味的肉类，国人总是太宽松。

此外，少量的亚硝酸盐不会在体内蓄积，本身并无致癌效应。它在血液中存在的半衰期只有1 ~ 5分钟。亚硝酸盐的毒性，主要在于它能够把血红蛋白氧化成为高铁血红蛋白，从而引起缺氧，导致紫绀。我们不提倡吃剩菜，除了考虑到亚硝酸盐的问题，还考虑到其中有致病菌繁殖、维生素含量降低等风险。吃剩菜之前，至少要把菜热透、菌杀死。

在酸性条件下，亚硝酸盐还会与蛋白质的分解产物发生反应，形成亚硝胺、亚硝酰胺、亚硝脲类化合物。这几类化合物确实有致癌性。如果膳食中缺乏B族维生素、维生素C、维生素A等，都可能增加患癌风险。维生素C、维生素E和一些多酚类物质能够阻断亚硝酸盐合成亚硝胺的过程，腌菜时放入鲜大蒜、鲜姜、鲜辣椒等也有减少亚硝酸盐合成和阻断致癌物形成的作用。可以这么说，富含新鲜蔬菜水果的膳食能部分消除亚硝酸盐合成致癌物的隐患。

所以，只有吃大量的蛋白质类食品、腌制时间少于20天的腌菜或不新鲜腐烂蔬菜，又缺乏多种维生素和抗氧化成分，才会把自己置于比较危险的境地。在餐馆里点凉菜的时候也要小心，为保险起见，不是当天制作的小菜不要多吃。

此外，虾皮、虾米、鱼片、鱿鱼丝、贝粒、咸鱼、咸肉等食品吃之前都需要好好闻一下味道，如果感觉不够新鲜，有刺鼻气味，那么它的蛋白质分解产物低级胺类就很多，产生的亚硝胺类物质一定少不了。除了味道，新鲜的虾皮还应当是白色的，粉红色的虾皮和小虾不是已经不新鲜，就是被染了色。此外，吃海鲜干货一定要控制数量和次数，经常吃是很不明智的。

食物储藏有学问

小心家里的食品产毒浪费

英国的一项调查表明，英国家庭中的食品浪费比例高达30%左右。这里包括过期、腐败、变味、长虫、长霉等各种情况。料想我国城市家庭中的情况恐怕也好不到哪里去。

防止食物在家中变质的最要紧预防措施，就是不要贪便宜购买大包装，不要让吃不了的食物占据你的厨房空间。

现在家庭人口越来越少，三口之家是主导，还有两人世界、单身贵族。即便家里有三四口人，也可能经常有老公出差、孩子住校的情况，或者经常在外就餐。所以，做饭做菜的各种原料，使用速度都非常慢。

可是，现在商场的食物包装，却都没有"与时俱进"地缩小，大包装的食品仍然占据主导地位。商场还经常搞"加量不加价""买一送一""买十赠二"之类的优惠活动，让消费者怦然心动，从而大量购买，产生浪费。

如果已经买进家门，应当如何安全储藏呢？这里就和大家讨论一下保存食物的可靠方法。

粮食和豆子的保存

有些人将粮食、豆类直接装入布袋，放在冰箱的冷藏室中，以为这样可以延长保质期。殊不知，冷藏室仍然是会吸潮的。这是因为各种食物的水分会发生平衡，从冰箱中的水果蔬菜、剩饭剩菜当中，转移到比较干的粮食、豆类当中。而且霉菌能够耐受冷藏室的低温，时间久了也有长霉的危险。如果冷藏室确实有空间可以放，也必须先把粮食、豆子装进不透水的袋子当中，密封之后再放入冰箱。

即便是冷冻室，也有吸潮问题，因为在冷冻状态下，冰可以直接挥发为水蒸气，水蒸气还是会接触食品。这也是为什么冻食物的时候经常看到表面有白霜。从冷藏室或冷冻室取出食物时，表面都会产生水珠，如果不是密闭状态，吸潮很快。

建议在购买粮食、豆子的时候，优先购买抽真空的小包装。玉米和大米等都是黄曲霉喜欢的食物，但真空条件下，霉菌很难活动。要在晴朗干燥的天气打开真空包装粮食袋的包装，趁着干爽赶紧分装成短时间可以吃完的小袋。一袋在一两周内吃完，其他袋都赶紧赶出空气，夹紧封口，放在阴凉处储藏或者放在冻箱里。

很多家庭喜欢用饮料瓶子保存粮食和豆子。这是个不错的方法，省地方也漂亮整齐。只是，要先保证粮食是干燥的，并在干燥的天气装瓶，然后赶紧拧紧盖子。如果还不太放心，可以加入几粒花椒，它的香味有驱虫的作用，前提是你不在意煮饭的时候有微微的花椒香气。

鱼肉类的保存

酱卤肉可以放在保鲜盒中两三天，而腊肉、香肠可以放在冰箱外的干燥凉爽处。鱼肉类需要事先包装成一次能吃完的数量，放入冷冻室。需要注意的是，生肉、熟食、蔬菜必须分开储藏，不要放在一层、一个抽屉或一个保鲜盒当中。海鲜类和畜禽肉类最好也能尽量隔离，不要放在一个保鲜袋中。

解冻的时候，把鱼肉提前一夜取出，放在冷藏室下层最好是 -1℃ ~ 1℃ 的位置。这样既避免损失营养，保证微生物繁殖少、安全性高，又能保持解冻均匀，味道和口感保持不变。将冷冻好的鱼肉放在冷藏室中，就等于天然制冷，节能环保。

用热水解冻是最糟糕的，用冷水解冻稍微好一点，临时起意的解冻则可以求助微波炉。只要选择其中的"解冻"（defrost）挡，就可以在几分钟之内让鱼肉解冻，不过这也没有想象中容易，如果控制不好时间，食物形状又不规则，结果就很可能是一部分已经变色，另一部分还是冰块。

要达到理想的解冻效果，冻结之前的准备也是非常重要的。要提高冷却的速度，让肉类尽快冻结，冻之前一定要把肉切成较薄的片（1 ~ 3厘米厚），最好是扁平状，且按一次能吃完的量分装进保鲜袋，然后平铺在冰箱速冻格中，快速冷冻，冻硬后再放入冷冻盒。这样不仅冻结速度更快，解冻也方便，因为薄片状态的食物升温也会更快。

肉类千万不可以反复冻结、解冻。这样的食物不仅不安全，口感、风味都会严重变差。建议一次解冻之后，先全部烹调，然后再把烹好的食物分成若干小份，3天内能吃完的量可以放冷藏室中，其余分包冻起来，以后每次取一份食用。

蔬菜的保存

蔬菜的营养素含量与其颜色有关：绿色越深，胡萝卜素、维生素 K、叶酸、维生素 B₂ 和镁的含量越高；橙黄色越深，胡萝卜素含量越高。其他活性物质的含量则与颜色无关。所以，选购蔬菜的时候最好选择一半深绿色叶菜，一半浅色蔬菜。

蔬菜当中所含的维生素 C 和生理活性物质在采收后很容易分解。储藏温度越高，分解速度越快，例如在夏天30℃以上的气温中暴露堆放，绿叶菜只需一天即可损失大部分维生素 C。放在冰箱里可以延缓维生素的降解速度，但是并不能阻止这个趋势。因此最佳方案是在早上买刚采收的新鲜蔬菜，然后按照一次食量分装进保鲜袋，存放于冰箱中，但应当注意不要贴近冰箱内壁以免冻伤。然后每3天更新一次家里的蔬菜储备。

豆角、茄子、番茄、青椒、黄瓜之类可以在低温下储存4 ~ 5天，土豆、胡萝卜、洋葱、萝卜、白菜之类可以存长一些。如果冰箱里没地方，可以用软纸包一层，然后装进塑料保鲜袋，放在冬天不会冻的阳台上或凉爽处。

水果干和坚果的保存

水果干在夏天很容易受潮，还容易生虫。最好找个好天气，把水果干摊开晒几小时，或者用微波炉的最低挡，把其中的水汽除掉，然后再把彻底干燥的水果干分放入密封盒中，放入冷冻室两周后再取出来就不容易生虫了。记得一定要在室温平衡温度之后再打开，以免表面产生水汽。

坚果的主要问题是受潮和氧化。只要在阴雨天打开坚果口袋，就会发现它会在几小时之内变软、变"皮"，这就是吸水了。一旦水分上升，霉菌就会找上门来，容易产生黄曲霉毒素。所以必须注意趁干燥时或烤干之后分装，把每个袋口封严，至少用一个很紧的夹子夹住。如果天气潮湿，最好在开袋后一小时之内吃完。如果发现已经有轻微的霉味或者不新鲜的气味，就要坚决丢弃。有害健康的食物是不能吃的！

剩饭剩菜的保存

夏天里剩下的食物要特别小心，在小暑、大暑季节，高水分的食物只需4个小时左右就可能因细菌繁殖而发生变质，特别富含淀粉和蛋白质的食物，比如绿豆汤、大米饭、牛奶、豆浆、肉汤、豆腐等，细菌对它们非常热爱，所以变质得更快。

所以，如果感觉可能吃不完，应当在起锅的时候马上把一部分食物分装在干净的盒子里，凉到室温后马上放入冰箱，这样就可以安全储藏到第二天。用餐时吃不完，舍不得把剩下的部分扔掉，也应在饭后马上放入冰箱。这样并不能保证24小时以后的食品安全，但下一餐热一下吃是可以的。

馒头和面包吃不完，应当按一次能吃完的量分装，先放在冷藏室降温，然后封严，放到冷冻室中冻起来。以后每取一包，重新大火蒸一下，或者在微波炉中用"解冻"挡解冻1～2分钟就可以了。需要记住的是，千万不要用"高火""中火"之类的挡来加热馒头、面包或其他面食，那样面食就会变"皮"，韧性很强，很不好吃。

此外，各种调味酱料如沙拉酱、番茄沙司、牛肉酱之类一旦打开，如果一周吃不完，最好放入冰箱，避免发霉。

草莓、葡萄等水果只能在室温下存一两天，苹果、柑橘等则能在室温下保存一周以上，热带水果如香蕉、芒果等应当放在室温凉爽处，不能放冰箱。

　　有包装的饮料类不必放入冰箱，放在阳台上或室温下即可。但大包装纯果汁如100%橙汁一旦开封，就必须放入冰箱，并在48小时内喝完。糖果类均适宜在凉爽的室温下保存，巧克力尤其不能长期放在冰箱中，否则可能长霜，口感也会变差。蜂蜜长期放冷藏会结晶，虽然不妨碍安全性，但会影响口感。葡萄酒开封后喝不完应当盖好瓶塞，最好在一周内喝完。

@ 范志红_原创营养信息

　　市售坚果产品的问题：1.盐太多，钠过量；2.加入糖、甜味剂、香精、味精、色素等添加剂；3.气味已经不新鲜，脂肪氧化严重；4.个别果粒霉变，可能含霉菌毒素；5.烤制过度，食后口干咽干。如有以上问题，吃坚果就不会带来健康效益。

第四章 为了健康的后半生

中国人到底哪儿吃错了？

2016年，媒体报导了国家卫计委发布的"中国居民膳食营养与体格发育状况"。其中说到中国人全国成年男性平均身高1.671米，成年女性平均身高1.558米。孕妇贫血率高达17.2%，儿童贫血率为5.0%。同时，钙、铁、维生素A、维生素D和多种B族维生素缺乏的情况依然存在。

个子不高，身体挺胖

从发布的数据可以看出，成年中国人就平均身高而言，体重数据却相当可观。男性平均体重为66.2千克，计算出BMI值为23.7；女性平均体重为57.3千克，BMI值为23.6。因为BMI值达到24.0就算是超重（这还是按较大骨架来评价的，小骨架人士应当按日本和东南亚国家的标准即23.0来评价），那么我国男女成年人的平均体重已经接近超重水平了。

发布的数据中说到，成年中国人当中，30.1%达到超重，11.9%已经达到肥胖水平。两者加在一起就能明白，中国的成年人当中，四成多的人都突破了正常的体重，需要减肥。儿童的超重率和肥胖率也分别达到9.6%和6.4%，这倒是已经赶上不少发达国家的水平了。若没有贫困地区的孩子把平均值往下拉一拉，仅仅看北京上海的儿童，情况更加可怕——五年级小学生当中，4个孩子里就有1个超重肥胖的。

慢病横行，夺人性命

有这么胖的人，自然就有胖人容易患的病。成年人高血压患病率是25.2%，即每4个成年人中就有一个高血压患者。糖尿病患病率为9.7%，即每10个人里就有一个糖尿病患者。心脑血管疾病死亡占国民总死亡原因的一半。按发布中所说的271.8人/10万人的比例计算，全国每年光是心脏病、中风这一类心脑血管病就夺去了350多万人的生命，其余致死原因是各种癌症、慢性呼吸系统疾病和各种意外事故。

很多人都问，中国人是哪里吃错了？为什么肥胖人群扩大得这么快？为什么心脑血管病能让这么多人丧命？为什么高血压、糖尿病、癌症患者这么多？到底什么地方出了问题？是环境污染问题吗？是食品安全问题吗？

热量不多，活动太少

看看发布的饮食数据，或许这些问题并不那么难以回答。

根据发布的数据，中国人每日摄入能量（热量）2172千卡，脂肪80克，蛋白质65克，碳水化合物301克。从这三个数据中，能看出什么门道来呢？

2014年，我国公布了最新的膳食营养素参考摄入量，轻体力男性和轻体力女性的每日能量需要分别为2150千卡和1800千卡（体重为平均值的标准人）。假如按男女各半、体力活动均为轻体力活动来计算，那么平均的能量摄入应当是1975千卡。当然，考虑到国民当中还有一部分是体力活动量比较大的农民、工人，平均2172千卡似乎并不过分。

但是，事实是无可辩驳的。肥胖人群数量的飞速上升说明我国有很大一部分国民处于能量过剩的状态。虽然他们摄入的膳食热量也许并不太多，但由于体力活动实在太少，基础代谢实在太低，即便吃得不算过分，也会逐渐积累体脂而造成肥胖。数据当中也说了，经常锻炼的成年国民只占18.7%。我估计这个数据是把广场舞之类也都算上了……

如果自己不注意增加体力活动量，出门开车，上楼电梯，购物上网，离开电脑就是手机，离开手机就是电视，这种生活不要说达到日本人推荐的每天一万步，中国膳食指南推荐的6000步，就连3000步也到不了。即便吃得不多，又怎能不惹来肥肉上身呢？

脂肪太多，营养太少

再看看三大营养素的比例，每日80克脂肪，意味着脂肪在总能量供应中所占比例高达33%，这个数值已经超过了中国营养学会和亚洲各国营养界所推荐的30%的上限。

膳食中的那么多脂肪是哪儿来的？按来源不同可以分为两类：天然食物中的脂肪和食物中加入的烹调油脂或加工油脂。

很多天然食物含有不少脂肪，如花生、瓜子、芝麻酱、各种坚果、鱼类、肉类、蛋类、全脂奶等。烹调植物油几乎都是纯度高达99%以上的脂肪，如大豆油、花生油、菜籽油、棉籽油、葵花籽油、橄榄油等。肥肉、鸡油、黄油中的脂肪也常被用作烹调油脂，它们的脂肪含量多在85%～95%。很多加工食品中添加了大量油脂，如饼干、点心、薯片、锅巴、萨其马、蛋酥卷、蛋糕、曲奇、冰激凌等。很多主食的制作需要大量油脂，如各种酥点、油酥饼、千层饼、油条、炸糕、汤圆等，更不要说各种煎炸菜肴和汪着油的菜肴。稍不小心，从三餐中吃到七八十克烹调油一点都不费劲，要控制在营养学家建议的25克之内非常难，很多人感觉几乎不可能做到，因为多数家庭炒一个菜就要30克油。

由于富含脂肪的食物口味好、体积小、热量高，稍不小心就会吃过量，很难控制体重。而且，我国的国情是凡用餐必吃炒菜，而且炒菜用的油越来越多，甚至主食里也要放油。和花生、坚果之类的天然油脂来源相比，烹调油不含纤维，饱腹感低，营养价值也低，更不利于预防肥胖。可以这么说，多吃烹调油之后，能量是够了，但烹调油只有让人长胖的力量，既没有维生素C、维生素B_1、维生素B_2、维生素A、维生素D，也没有钾、钙、镁、铁、锌。所以，多吃炒菜油会让人在发胖的同时仍然缺乏多种营养素，身体缺乏活力。

在改革开放后的30多年中，我国居民的收入节节提高，但是国民膳食中各种维生素和多种矿物质的摄入量不增反降，只有脂肪摄入量、烹调油摄入量随着收入的增加而同步上升。这种上升的同时，超重肥胖率也在同步上升，而超重肥胖状态会大大增加罹患糖尿病、高血压、冠心病的风险。对于那些大腹便便的人来说，腰腹脂肪减不下来，糖尿病心脏病的风险就降不下去。

每日把总脂肪量控制在 60 ~ 70 克为好，其中烹调油不超过 30 克。对于需要节食减肥的高血压、高血脂、糖尿病患者来说，如果能够把总脂肪控制在 60 克以下，其中烹调油不超过 25 克，对控制病情会更为理想。

精白太多，全谷太少

每日摄入 301 克的碳水化合物，占总能量摄入的 55.1%。这个比例看似落在合理范围当中，细看却问题多多。所谓碳水化合物，包括了各种糖和淀粉。它们的来源在很大程度上决定了它们对人体健康的影响。其中精制糖（绵白糖、白砂糖、冰糖、红糖等）多吃不利于健康，是人所共知的常识。但是，精白淀粉过多食用也不利于预防多种慢性病却很少有人知道。

随着生活水平的提高，市售大米白面越来越白，越来越细，其中维生素和矿物质营养价值不断降低，血糖反应越来越高。研究发现白米饭摄入过多显著增加糖尿病风险，白馒头、白面包的升糖指数和绵白糖一般无二，都是 88，然而很多居民以为只要不吃甜食就能血糖无忧。同时，由于体力活动严重不足，腰腹肥胖严重，致使胰岛素敏感性下降，血糖控制能力低下，这就能解释为何我国居民糖尿病发病率在最近 20 年来呈现飞速上升的状况。

另一个误解是大众以为白米饭白面条白馒头自古有之，不了解古人没有现代化粮食加工设备，主食精制程度很低，以杂粮、糙米、粗磨面粉为主的事实。古人所说"五谷为养"，绝非如今的白米饭白馒头为养。所谓谷物，包括了全小麦、各种颜色的糙米、小米、大黄米、高粱米、大麦、燕麦、玉米、荞麦等很多品种，而广义的五谷杂粮还包括了红小豆、绿豆、芸豆、干蚕豆、干豌豆、鹰嘴豆、小扁豆等很多富含淀粉的豆类食材，以及土豆、甘薯（包括白薯、红薯和紫薯）、山药、芋头等薯类食物。多数杂粮食材烹调后的餐后血糖反应都明显低于白米饭白馒头，而且维生素、矿物质含量是精白大米的几倍到十几倍。

即便在 30 多年前，大米的出米率也只是 92%（92 米），面粉的出粉率是 85% 或 81%，只弃去少量的米糠麦麸；而现在的大米白面，只保留籽粒的 75% 甚至不到 70%，把外层营养素含量最高的 30% 都作为糠麸弃除，维生素损失率高达 70% 以上。这些精白粮食做出来的食物质地细软，非常"顺口"，但是膳食纤维不足1%，有些产品甚至不到0.5%，很难帮助大肠菌群维持健康状态。

吃盐太多，果蔬太少，奶豆太少

调查数据表明，我国居民平均每天烹调用盐10.5克，虽然比2002年下降了1.5克，但仍然比世界卫生组织推荐的5克盐高出一倍还多。调查还发现，10年来蔬菜水果摄入量略有下降，豆类和奶类消费量持续偏低。

大量的盐加上很少的果蔬、很少的奶类和豆制品，这种膳食模式与我国高血压患病率居高不下的状态有密切关系，还与心脑血管疾病高发、骨质疏松高发等情况密切相关。果蔬是膳食中钾元素最主要的来源，而奶类、大豆制品（黄豆、黑豆制作的豆浆、豆腐等）和绿叶蔬菜是膳食中钙镁元素的重要来源。钙元素不足的状况，不利于身高的增长，也不利于控制肥胖；高钠低钾的状况，则会使敏感人群的血压容易升高，长期高血压又使中风的危险上升。

癌症疾患多与不合理的饮食生活方式相关，比如，胃癌、食道癌、结直肠癌，都与不健康的饮食习惯直接相关。多吃水果蔬菜可以降低胃癌和食道癌的发病风险，而多吃盐则会增加胃癌的发病风险；吃新鲜果蔬和杂粮豆类能减少患结直肠癌的风险，而摄入过多的肉类、烧烤、高脂肪食物，会增加患结直肠癌的危险。

我国男性居民发病第一位的癌症是肺癌，女性则是乳腺癌。有研究表明，较多的深绿色和橙黄色蔬菜有利于降低肺癌的患病风险，还有研究发现，大豆制品如豆腐、豆浆等也与较低的肺癌危险相关。摄入充足的蔬菜水果和杂粮豆类有利预防肥胖的作用，而肥胖与乳腺癌、子宫内膜癌的发生有关。

合理的饮食方式

健康的饮食方式，并不是妖魔化任何一类天然食物，也不是把某些食物说成治疗疾病的灵丹妙药，而是尽量摄取多样化的新鲜天然食物，保持各类食物之间的数量比例合理。吃不吃某些传说中的神奇保健食物并不重要，数量和比例的合理才是最重要的。

卫计委专家和我国营养学家提示，健康成年人每天的食物当中，应当保证一斤蔬菜、半斤水果。每天的主食中，若能有二分之一到三分之一的全谷、杂豆和薯类，对预防糖尿病和肠癌都非常有益。我国2007版《中国居民膳食指南》也忠告国民，每天的烹调油最好能限制在25克以内、盐6克以内、肉类50 ～ 75克、水产品75 ～ 100克。也就是说，一份鱼肉应当配合3份蔬菜，而烹调最好是少油少盐。当然，锻炼健身对防肥防病也很重要，每天要有半小时以上的体力活动。

　　只要真心重视身体健康，做到这几点并不难。只要切实做到这些改变，就能让千千万万的人远离肥胖和慢性病的困扰，让我们的民族提升健康活力。

@ 范志红_原创营养信息

　　每年，我国因心脑血管疾病死亡的人数达几百万人，不仅比地震伤亡大，也比交通事故伤亡人数多。而很大程度上，疾病是可以预防的，但为何没有引起人们的足够重视呢？因为人之本性，对眼前的灾难有恐惧心，对远方的危险则视而不见。

　　慢性病死亡人数占我国居民总死亡人数的85%，在疾病负担中所占比重达到了70%。人们如果还不改变自己不健康的饮食和生活习惯，慢性病爆发将成为国家一大灾难，而政府如果不促进健康宣教，只怕会难以承受慢性病井喷的后果。

　　如果每个人能把自己和家人的饮食、运动、起居管理好，就能避免很多疾病的发生。其实健康生活也可以拉动经济发展，人们能有更多的热情去健身、旅游、做有益健康的业余活动，而不是把钱扔进医院和药房里。

远离糖尿病

最近很多朋友都在问，糖尿病病人该怎么吃？虽然市面上有很多关于指导糖尿病患者饮食的书，但大多只是说个原则，然后给出一些常见菜谱，却没有讲到如何搭配，也没有说到具体细节。为了让朋友们更容易理解糖尿病人的饮食注意，我先在这里给大家讲个故事。

朋友王先生是某公司的高管，早早就过上了车来车往、在外就餐的生活。胃口非常好，特别喜欢油大味浓的食物，运动几乎没有，连300米的距离也要开车。180厘米的身材，体重超过105千克。

一日朋友聚会，大家一起去郊游。虽说只爬了300米的小山包，王先生已经累得气喘吁吁。当年他也曾经是中学的体育健将，无奈多年连路都很少走，体能已经高度衰落。归来之时他感慨道，今天一天，比我往日一年的路都走得多……

我劝他说，你这样不行啊，吃得太多，动得太少，体能太差。看看你那身材，腰围比臀围还要宽，小心得糖尿病！他哈哈一笑，别吓唬我，我根本不吃甜食，哪儿能得糖尿病？我无奈地摇摇头。

这里要解释一下，患2型糖尿病的人，大多是肌肉松软，体能低下，腰腹脂肪较多的人。即便体重不超标，只要腰围过大（表明内脏脂肪多），四肢肌肉松软，容易疲劳，都要注意糖尿病的风险。反之，如果腰臀比正常，肌肉结实，能跑能跳，哪怕体重偏高，患糖尿病的危险也会小一些。人们都知道，30分钟之内的运动，主要消耗血糖和糖原，特别是几分钟的短时运动，主要消耗血糖。人体的血糖3/4靠肌肉来利用，如果肌肉充实，体能旺盛，说明肌肉组织善于利用葡萄糖，人体的胰岛素敏感性就比较高，血糖能够很快地离开血液，进入需要它的组织当中，自然不会有血糖居高不下的危险。

两年之后的一天，我又遇到王先生。不幸被你说中了，他说，今年体检，我真的查出来有糖尿病。医生给我忠告，这不能吃那不能吃，我的生活一下子就回到旧社会了，连饭都吃不饱啊……

糖尿病大概属于慢性病中饮食上最麻烦的一种了，因为它既需要控制餐后血糖和空腹血糖，还需要控制血液中的甘油三酯和胆固醇、饮食中摄入的盐、体脂。这是因为糖尿病患者同时有患心血管疾病的巨大风险，50%的糖尿病患者是死于心脑血管并发症的。所以，控制血脂、控制血压和控制血糖一样重要。

那么，为什么还要控制体脂肪呢？因为体脂肪过多，特别是内脏脂肪过多，是糖尿病、冠心病的共同致病风险。减少体脂肪之后，通常会带来胰岛素敏感性上升、血压下降、血脂下降的综合效果。所以，对于体脂肪超标的患者来说，糖尿病餐也同时是温和减肥餐。

医生当时给王先生提出了综合建议。一方面要求少吃主食，控制所有碳水化合物食品；一方面要求少吃肉类，少吃油腻。王先生这下可犯难了。在太太的严格监督下，主食减了一半，肉不能每天吃了，改成每周吃两次，每次只吃1两。问题是，饭少了，肉少了，油少了，每天那个饿啊……水果都不敢吃，医生只准吃豆腐和蔬菜。在这样严格的饮食控制之下，生活质量很不容易保证。

少吃油，多吃菜，医生说的一点儿都没错。这里就简介一下糖尿病人饮食和运动的注意事项。

（1）多吃菜

建议糖尿病患者每天吃菜1斤以上（这里不能用土豆、芋头之类当菜），特别是绿叶蔬菜，不仅可以提供多种矿物质和抗氧化物质，减少眼底和心脑血管系统并发症的风险，还能提高饱腹感，对于糖尿病人好处极大。

（2）少吃油

烹调一定要少用油，多用蒸、煮、炖、凉拌的烹调法，有利心脑血管健康，同时还有利于长期控制血糖。有研究提示，膳食脂肪摄入多，当餐虽不会明显升高血糖，长期效果却是损害餐后血糖控制能力。盐要少放，调味料品种倒是无须限制，葱姜蒜、咖喱粉、桂皮、花椒等都可以适量用。

（3）控制肉

肉类不必天天吃，可以用少油烹调的鱼和豆制品供应一部分蛋白质，这样膳食脂肪酸的比例就更合理。目前的研究表明，鸡蛋每周不超过4个即可，不必扔掉蛋黄。牛奶每天可以喝一杯，如果血脂高，可以选低脂奶和酸奶。

（4）主食不必过少，重在控制血糖反应

主食的数量，不一定要那么少，每天半斤量还是可以的。真正要严格控制的，只有精米白面做的食品，其他升血糖慢的淀粉类食物，还是可以适当吃一些。研究证明，吃同样多的主食，低血糖反应膳食比仅仅增加膳食纤维的膳食能产生更好的长期效果，与精白细软主食相比，效果更不可同日而语。血糖反应较低的饮食模式，有利于减少糖尿病风险，而且对糖尿病人来说有利于减少糖化血红蛋白的含量（长期血糖控制的指标之一）。

葡萄糖、麦芽糖、糊精等升高血糖的速度是最快的，因为它们消化吸收速度最快，若以葡萄糖的升糖指数为100，那么麦芽糖的升糖指数则超过100。然后就是白面包、白馒头、白米粥、糯米食品等和白糖的升糖指数差不了太多，白米饭和米饼略低，但也超过了80。所有这些食物，都需要严格限量，最好配着其他升血糖慢的食物一起吃。在"细粮"中，用硬粒小麦做成的通心粉、意大利面条等消化最慢，血糖反应也最低。

相比白米白面而言，粗粮升血糖的速度就要慢些，其中小米、黏大黄米的升糖指数最高，在70～75之间，黑米、荞麦、燕麦、大麦、黑麦等都低于70。玉米食品的升血糖速度与加工状态相关，膨化的玉米片、爆米花接近米饭的水平，而甜玉米的升糖指数却只有55。莲子也是不错的低血糖反应食材，可以加入主食当中。

豆类统统都是血糖反应很低的食品，比如红豆、绿豆、扁豆、蚕豆、四季豆、鹰嘴豆等均不超过40，比粗粮还要低很多。总体而言，用豆子替代白米白面，是可以吃到饱的。如果肾脏功能正常，可以用豆子替代米饭，因为与白米白面相比，豆子富含维生素B_1、钾、镁等元素，对于容易缺乏矿物质和水溶性维生素的糖尿病人来说，绝对是有益的；豆子中还有丰富的抗氧化物质和维生素E，膳食纤维含量也高，对于预防心脑血管并发症也有帮助。

（5）提倡主食混搭

粮食配蔬菜或粮食配豆子，都是好主意。蔬菜和豆类具有非常好的饱腹感，在降低血糖反应的同时还能有效减轻饥饿感。比如传统的八宝粥，如果不放白米不加糖而放较多的淀粉豆类，加上各种全谷食材就是很好的主食。又比如中原地区传统的"蒸豆角""蒸蔬菜"，在豆角、蒿子秆、胡萝卜丝等蔬菜上面撒上豆面、玉米面、全麦粉等，上笼蒸熟之后，蘸着芝麻、蒜蓉调料吃，既香浓美味，又低脂低能量，用来替代一部分主食是非常不错的选择。又比如在煮汤做菜的时候放些嫩豌豆、嫩蚕豆等，同时减去一半的米饭，也能提高一餐的营养质量，又避免饥饿。

（6）坚果、水果可限量食用

同时，糖尿病人还可以适量吃一点水果和坚果。减少做菜时放的油，用一小把坚果仁（25克）来替代，能增加膳食纤维和矿物质成分；用餐时减少两三口主食，留出份额来，餐间少量吃点水果（例如每次100克左右，每天200克），血糖就不会剧烈波动。这是因为大部分水果血糖负荷低，比如。在碳水化合物含量相同的情况下，苹果、梨、桃、李、杏、樱桃、柚子、草莓等的血糖负荷都很低，猕猴桃、香蕉、菠萝和葡萄的升糖指数略高，但其血糖负荷还是远低于白米饭。记得一定要吃新鲜完整的水果，不能用果汁替代，也不能用加糖的罐头水果替代。

王先生总算明白了，原来并非甜的就不能吃，不甜的就可以放心吃；也不是见了淀粉食物就要躲开；还能吃水果，吃坚果，放多种调味料，还能吃饱饭，生活一下子就显得美好多了……

如果在家吃饭，这些都不难做到。但作为一位商业人士，经常要在外应酬，要做到每餐饮食合理还真没那么容易。

（7）做好外食预案

考虑到餐馆吃饭时间不规律，内容也很难健康，我建议他的办公室里除了饮水机和小冰箱，再放个豆浆机，还有微波炉。晚上出门赴宴前，先喝点自制豆浆，冲点纯燕麦片，喝点无糖酸奶什么的，胃里就比较安定了，不至于低血糖，也不至于用餐时吃过量。在赴宴时有意点些蔬菜、豆子、豆制品和清爽鱼虾，少吃油腻菜肴，食物内容就不至于太不健康。

（8）坚持运动，加强肌肉力量

不过，糖尿病控制需要"五驾马车"，除了饮食、药物、监测、教育，还有一个非常重要的方面，那就是运动。餐后不能坐着不动，要做些轻微的活动，这样血糖就比较容易控制。

开始时如果体能差，可以先从散步开始，等体能好了，就加快速度，延长距离。最好能做做肌肉训练，哪怕在家里练练哑铃、拉力器或手持握力器也行。研究发现，不仅有氧运动对控制血糖有帮助，锻炼肌肉的阻力运动也有很好的效果。要先做些准备运动，量力而行，运动前后还要喝点水，避免运动损伤和脱水现象。

王先生从晚上坚持散步3公里开始，慢慢变成5公里，走路速度也逐渐加快，成了快走。后来，甚至背上双肩包做负重走。家里还买了各种小型健身器械经常练习。几年过去，王先生的体重减了，腰围缩了，体能也慢慢好起来。他注意监测餐后血糖，饮食控制坚持得很好，血糖水平渐渐回归正常范围，其他指标也都恢复了正常。

他笑说，自己在外赴宴之时，常见大腹便便、肌肉松垮的老板们在饭前拿出针来，打胰岛素，然后豪爽地说，开吃开喝！这时候，他就庆幸自己醒悟得早。

回想当年生活，他很不理解自己当初为什么那么喜欢油腻厚味，记得那时候餐馆的油经常质地黏腻，自己却毫无警觉。他感慨道，如果不是患了糖尿病，还不知道要多吃多少地沟油级别的劣质油脂呢。

"有钱没健康知识，是最可怕的事儿。我算是感受到重获健康的幸福啦……"

这个故事给了我们的很多启发。

（1）要想预防糖尿病，坚持体力活动，保证自己身体脂肪不超标、腰围正常、肌肉不萎缩，是个很好的预防方法。所谓天道酬勤，偷懒不会占便宜，最后必将在健康上损失更多。患糖尿病之后也是一样，"迈开腿"和"管住嘴"一样重要，维持肌肉功能对于控制血糖意义重大。

（2）糖尿病患者必须做到控油控盐，才有利于预防心脑血管并发症；食物的营养质量要比健康人更高，特别是多吃新鲜蔬菜，得到更多的抗氧化成分，才能避免提前衰老和残疾。

（3）糖尿病的饮食控制，并非吃得越少越好，太少可能造成营养不良，削弱体质，甚至发生低血糖危险。多吃营养价值高又耐咀嚼的蔬菜、杂粮和豆类，特别是将精米白面改成含一半淀粉豆的八宝粥，可以兼顾营养供应、饱腹感和控制血糖三方面。

（4）虽然在外饮食很难控制餐桌上的菜肴质量，但仍然可以通过预先准备健康食物、多点清淡菜肴、少取食油腻食物等很多方法来改善饮食。只要有预案、有决心、有毅力，就能尽量减少在外饮食对健康的危害。

最后说说我本人的体会。我的祖父母、父母都有慢性病，冠心病、高血压、糖尿病一样都不落下。我本人年轻时有过低血糖症状，曾属于血糖控制不太理想的类型。考虑到这些风险因素，我从35岁开始注意锻炼身体，保持肌肉，控制饮食。至今保持着较好的体成分状态，血糖血脂方面也没有任何问题。我相信，只要自己努力，至少能坚持在60岁之前远离慢性病。

@ 范志红_原创营养信息

低血糖者常以为吃糖吃甜食有好处，错了。除了眼前发黑时的应急之外，平日要少吃甜食，改吃低血糖反应饮食才安全。因为无论血糖过高或过低，都是身体血糖控制机制失灵的表现。遵循营养均衡的低血糖反应饮食，餐后血糖就不会忽高忽低，而是长时间保持平稳状态，也就不需要考验身体的血糖控制能力了。

预防"三高"的食谱

近年来，我国国民中血脂异常者日益增多，甚至很多青年人和孩子也加入了高胆固醇、高甘油三酯的行列，心脑血管疾病暴发流行的态势令人担忧。

在很大程度上，心脑血管疾病是"吃出来"的疾病，而血脂异常又往往是罹患这些疾病的前期表现。如果能够合理膳食，就能在血脂发生异常之前调整健康状态，或在指标刚刚出现异常时及时逆转，远离疾病风险，减少疾病治疗的痛苦和代价。

预防疾病的膳食，必然是食物多样、营养平衡、富含植物化学物（非营养素保健成分，通常存在于植物性食品当中，有助于预防癌症、抗氧化、控制血脂等）的膳食，以天然形态的食物为主，而且烹调中注意少油少盐。对于已经超重、肥胖、腰腹脂肪过多的患者，还要及时控制能量，促进体重和体脂肪向正常状态回归。

我曾为"平衡2010·胆固醇健康传播行动"设计过一份帮助预防和控制"三高"的健康食谱：

早餐：

纯牛奶200毫升＋速食燕麦片（30克）冲成糊

烤全麦馒头2片，夹入核桃仁碎1勺

水果1份（如大樱桃1小碗，或苹果1个）

营养丰富、品种多样而又美味的早餐，使一天的生活充满生机。

午餐：

豌豆、木耳、豆腐干炒肉丁（瘦肉50克、香豆腐干30克、鲜豌豆70克、水发木耳50克、植物油8克）

焯拌菠菜150克，用芝麻酱10克调味

红薯大米饭（米50克、红薯100克切丁）

豆浆1大杯300克（含大豆15克）

清淡、饱腹感强的午餐，提供大量的膳食纤维和钾、钙、镁等矿物质。

晚餐：

八宝粥1碗（红豆、绿豆、糙米、糯米、大麦、花生、山药干、莲子等共40克，加2～3枚枣）

清炒西蓝花（西蓝花150克，植物油10克）

蒸蛋羹（半个鸡蛋的量）

金针菇、胡萝卜丝拌海带丝（菜加起来100克，加3克香油）

减能量的晚餐，水分高、体积大、消化速度慢，不易饥饿，还能供应丰富的膳食纤维和植物化学物。

其他加餐/零食：

酸奶1小杯，西瓜1大片（200克）

适用对象：

体脂过高、超重者；血压、血脂、血糖异常，同时需要控制体重者。

体重正常的健康人使用这个食谱需要增加主食的量，并可增加动物性食品的供应。

食谱点评：

（1）无咸汤、无咸味主食，多用凉拌菜和清炒菜，少油少盐；

（2）能量适中，高饱腹感，低能量密度，温和控制体重；

（3）近500克蔬菜，多半绿叶菜，400克水果，提供大量膳食纤维、钾、镁和抗氧化成分；

（4）主食少精米白面，包括了谷类、淀粉豆类和薯类，富含膳食纤维和抗氧化成分；

（5）食物多样化，有28种原料，覆盖多种食物类别；

（6）在减能量的前提下实现各类营养素的充足供应，特别是中国人容易缺乏的维生素A、维生素B_2和钙；

（7）可接受性好，集养生与美食于一体。食物品种适合各阶层食用，烹调方法不复杂；

远离高血压

很多朋友都问，到了冬天，血压容易升高，而自己的父母患有高血压，应当怎么吃？吃什么可以降血压？芹菜？醋泡黑豆？

说到这里，我就想起某次在南京，和一位司机师傅聊过的一段故事。

司机问，高血压会遗传吗？我说，如果有高血压的家族史，特别是家族中很多亲人患有高血压，那自己患高血压的风险很可能比其他人高。

司机说，我父亲患有高血压，兄弟姐妹5人，4人都有高血压，只有我一个人正常。我就总是担心，什么时候我也会得上这病。我说，风险大不等于一定会得病。如果你比别人更加注意健康生活，或许能一辈子都不得高血压呢。

司机的脸上绽开了笑容。他说，还真是，我家和我兄弟姐妹家吃得都不一样。他们都喜欢用大油炒菜、做点心，顿顿吃肉，尤其是红烧肉、糖醋小排骨、小笼肉包什么的，我家就没有——因为我娶了个穆斯林太太，不能吃猪肉。我又不爱吃牛羊肉，家里只吃鸡肉、鱼虾和海鲜，也不是每顿都吃。太太喜欢清淡，炒菜都放素油，油和盐放得也比较少。零食点心不怎么吃，青菜豆腐倒是每天吃的，还喝一杯牛奶。

我说，也难怪你血压正常啊，你家的饮食可比你的兄弟姐妹健康多了。现在很多富裕地区的人吃的东西都不太健康，肉总是太多，蔬菜总是太少。很多江浙一带的人，炒蔬菜都要把菜泡在油里，烧汤时汤表面一层厚厚的油，要么就是浓浓的奶白汤，还特别喜欢吃脂肪高的猪肉，用猪油做菜。原本江浙一带做菜放盐较少，现在却越来越咸了，而且由于追求极度鲜美，味精鸡精放得多，也等于多吃盐。结果呢，原来南方人高血压比较少，现在发病率也一路上升。

你知道吗，国际上有个DASH膳食，就是用饮食方法控制高血压的一项研究结果，控制血压的效果相当明显。这个膳食就提倡多吃蔬菜、水果、豆类和坚果，喝低脂奶，少吃精白面粉，少吃红肉，吃适量的鸡肉鱼肉等。从营养角度来说，这种饮食脂肪少，胆固醇低，钾、钙、镁含量高，膳食纤维、硝酸盐和抗氧化物质多，对控制血压和预防心脏病非常有好处。你家的吃法儿，和这个膳食模式还真有点像。若能减少白米饭，适当加点粗粮、豆类，就更完美了。

司机听了非常开心，他说：难怪啊，我老父亲在儿女各家轮流住，到了我家，半年之后，血压就慢慢低下来了，再后来，降压药也不用吃了。老人家说我家好，就不想走了。

不过，我又劝告他说，健康生活还不仅仅是吃东西的事儿。做司机工作，运动比较少，肚子容易发胖，这也是慢性病的隐患。还好，你现在体型还挺正常的。

司机又笑了，我太太身体比较弱，做售货员站一天也很累。我回家就抢着做家务，买菜做饭搞卫生，根本就闲不着。说来也是天道酬勤，很多司机都肚子发胖，颈椎不好什么的，我倒一点都没事儿。

都说成功的男人背后有个好女人，看来健康的男人背后也要有个好女人。太太生活习惯好，老公就跟着健康。

记录这个故事，并不是说高血压患者不需要继续服药，而是想说，对于预防和控制单纯性高血压来说，养成一个好的生活习惯真的非常重要。此外，也不能忘记要多做些体力活动，要保持好的心情，减轻精神压力。

这个故事给了我们3个启示。

（1）家族群发一类疾病可能有遗传的因素，但更重要的因素是亲人们有共同的生活习惯，特别是饮食习惯。只要把健康生活做到位，即便父母兄妹患病，我们仍然有很大的机会可以远离高血压、糖尿病、冠心病、痛风等慢性疾病。

（2）要预防和控制慢性病，并不是盯着吃几种所谓的"健康食品""降压食材"就够了，也不要指望偏方能解决一切问题。整体膳食结构健康才最重要。所谓膳食结构，就是食物的类别和数量比例。比如说，仅仅说"我吃素"远远不够，因为素食也并不意味着有足够的蔬菜、足够的豆类、足够的粗粮和足够的坚果种子；仅仅说"我今天吃了青菜"也远远不够，要看具体吃了多少菜，菜和肉是什么比例。

（3）疼爱妻子的男人更容易健康长寿。在这个故事里，老公尊重妻子的饮食习惯，对妻子体贴备至，结果让自己远离了慢性病。现在很多家庭中，勤劳的太太承揽全部家务，老公回家就喝酒吃肉，然后坐在沙发上看电视，结果反而肚腩膨大，患上"三高"。另一方面，精神压力大也会增加高血压的风险，夫妻恩爱和谐，本身就是远离疾病的一个重要因素呢！

延缓衰老

预防骨质疏松

"骨质疏松"这个词人们都不陌生，它是骨骼衰老的结果，主要发生在老年人，特别是老年妇女当中。但真正了解它的人并不多。50岁以下的人很少把它和自己联系起来，因为身体并没有什么明显的症状，"无声无息的流行病"这一说法的确很适合骨质疏松。

不过，它与我们的距离，要比想象中近得多。

骨质疏松觊觎年轻人

1993年，医学界给骨质疏松下了一个明确的定义：原发性骨质疏松，是以骨量减少、骨的微观结构退化为特征，致使骨的脆性增加，以及易于发生骨折的一种全身性骨骼疾病。主要的临床表现是腰酸背痛、骨骼疼痛、易骨折。

这个病的发病过程很缓慢，却很普遍。现在全球约有1亿人患骨质疏松，甚至在比较年轻的人群中，这个病也在悄悄地蔓延开来——30岁的人，60岁的骨骼，一点不罕见。

因此，骨质疏松不仅仅是老年妇女的专利，近年来，不仅中年男性患者越来越多，年轻人也可能成为受害者。很多平日的不健康行为，都有可能日积月累地影响到我们的骨骼健康。

骨质疏松带来哪些痛？

（1）身上疼痛

骨质疏松患者中，感到腰、背酸痛的人最多，其次是肩背、颈部或腕、踝部酸痛，同时全身无力。疼痛部位比较广泛，症状时轻时重，与坐、卧、站立或翻身等体位无关。也就是说，换什么姿势都觉得难受。

（2）身高变矮

由于骨小梁变细、减少，骨骼易发生断裂。椎骨慢慢塌陷，使身材变矮，弓腰曲背。骨骼变形还可继发腰背疼痛，影响行走、呼吸等多种功能。

（3）容易骨折

骨质疏松严重时，因为骨骼的强度和刚度下降，轻微推搡、摔跟头甚至坐车的颠簸和用力咳嗽，都可能引起骨折。最常见的骨折部位是脊柱椎骨、腕部(桡骨远端)和髋部(股骨颈)。

及早预防胜过治疗

30岁后，人体骨骼中的钙等无机物质含量逐渐减少，骨钙开始缓慢丢失，每年大约丢失0.1% ~ 0.5%。随着年龄增加，骨钙流失速度不断加快。

对于骨质疏松症，目前尚无有效的方法使骨量已经严重丢失的患者恢复正常，因此预防胜于治疗。关键是要在骨质进入负增长时及时补充钙质，推迟骨质疏松的爆发时间。

需要强调的是，女性比男性更容易发生骨质疏松症。女性一生中因月经、怀孕、生产、更年期造成体内钙质的大量流失，50岁之后下降速度会更快，因此女性更要注意提早采取多种措施预防骨质疏松。

保持骨骼健康

远离骨质疏松，其实很简单，生活细节方面多多注意，从年轻时候就开始养成良好的习惯，经常运动，多接触阳光，保证膳食中有足够的健骨营养素，包括钙、镁、钾、锌、维生素D、维生素K、维生素A和维生素C等，也要有足够的蛋白质。

我国居民膳食中的一大营养问题，就是30年来钙的摄入量一直远远低于推荐量——推荐量为每日800毫克，而摄入量却只有400毫克左右。缺钙的形势这么严峻，要怎么补才能事半功倍呢？

补钙，要根据缺钙的原因和身体的状况才能"对症下药"。

如果是因为膳食中钙摄入不足，首先要考虑增加富含钙的食物的摄入。

在购买钙产品前不妨先确认，以下这些食物吃够了吗？

膳食中供应钙的主要力量有以下几种：

1. 奶类（牛奶、酸奶、奶酪）；

2. 豆制品（卤水豆腐、石膏豆腐、豆腐干等）；

3. 深绿色的叶菜（小油菜、小白菜、芥蓝、芹菜等）；

4. 芝麻酱、坚果；

5. 带骨小鱼和虾贝类。

而我们最常吃的白米白面制品、肉类等食物中，钙的含量都很低。作为公认的补钙佳品——骨头汤里的钙更是微乎其微，但是熬汤时加入半碗醋可以有效地帮助骨钙溶出；蛋类和鱼类比肉类好一点，但钙的含量仍然是很不足的。

好的饮食习惯能让我们免受缺钙的困扰，有一些错误的饮食观念却会妨碍钙的利用。看看下面这常见的10个补钙误区，有哪些正好击中了你？

1. 以为多吃肉类有利于骨骼健康。

事实上，所有肉类含钙量都极低。

膳食中适量的蛋白质有助于钙的吸收，但当食用过多的动物性蛋白质，蔬菜水果摄入量又非常少的时候，尿钙的流失会增加。

过多的脂肪也会降低钙的利用率。

2. 以为吃蔬菜与骨骼健康无关。

蔬菜不仅含有大量的钾、镁元素，可帮助维持酸碱平衡，减少钙的流失，很多绿叶蔬菜本身还含有不少钙呢。绿叶蔬菜中的维生素K是骨钙素的形成要素，而骨钙素对钙沉积入骨骼当中是必须的。

3. 以为菠菜对健骨非常有害。

许多人都知道，菠菜中含有大量的草酸，会与钙结合成不溶性的沉淀，从而不利于钙的吸收。然而，这些人没看到问题的另一个方面——菠菜当中也含有大量促进钙吸收的因素，包括丰富的钾和镁，还有维生素K。只需在吃之前用开水焯一下就可以除去其中的大部分草酸。

4. 以为吃水果代餐有利于骨骼健康。

水果是一种有益酸碱平衡的食品，在正常饮食状态下，摄入水果较多的人，患骨质疏松的风险会比较小。然而，水果本身却不是钙的好来源，而且严重缺乏蛋白质。骨骼的形成需要大量的钙，也需要胶原蛋白作为钙沉积的骨架。如果用水果代替三餐中的全部食物，则蛋白质和钙摄入量都严重不足，只会促进骨质疏松的发生。

5. 以为喝饮料不会影响到骨骼健康。

为了改善口感，饮料中大多含有磷酸盐，而磷酸盐会严重地妨碍钙的吸收，促进钙的流失。其中的精制糖也不利于钙吸收。相比之下，茶水含有丰富的钾离子，其中还有抗氧化物质和促进骨骼牙齿坚固的氟元素，因而喝茶对骨骼健康是有益无害的。

6. 相信喝了骨头汤就不会缺钙。

骨头里面的钙决不会轻易溶出来。普通的炖一两小时做出的骨头汤根本不可能起到补钙的效果。要想用骨头汤补钙，只有一个方法：不加水，直接加醋炖，再慢慢地炖上两三个小时。醋可以有效地帮助骨钙溶出，但也要加到足够的量才能溶出足量的钙。

7. 相信喝牛奶对补钙没有帮助。

虽然有人宣称，牛奶含有大量蛋白质，会让体质偏酸而促进钙的流失，但这话并不正确。在西方膳食不缺钙的情况下，再多喝奶对预防骨质疏松的作用不大，但奶类对儿童少年的骨钙沉积和身高成长仍然具有重要的促进作用。

8. 相信豆浆是高钙食品。

豆浆是大豆加20倍水后磨制而成，其中的钙含量只有大豆的二十分之一。同等质量的豆浆中的钙只有牛奶的十分之一。西方很多豆浆产品中特意添加了钙，以便不喝牛奶的人也能得到足够多的钙，但中国的豆浆没有添加钙，所以不能完全替代牛奶的作用。

9. 用内酯豆腐来补钙。

传统卤水豆腐和石膏豆腐是健骨佳品，因其本身含有不少钙，凝固豆腐的时候还要加入含钙、镁的凝固剂。然而，内酯豆腐中没有添加含钙凝固剂，而是使用葡萄糖酸内酯作为凝固剂。且内酯豆腐中含有大量的水分，无疑又让它的含钙量大打折扣。

10. 认为吃盐和钙流失无关。

大量人体研究发现，无论男性女性，无论年轻年老，增加钠盐摄入都会显著增加尿钙流失。除了要少吃盐外，建议大家在选购食物时，仔细阅读食品标签，尽量选择钠含量低的产品。

如果纵容家人继续坏的膳食习惯，只靠补钙片来解决，结果可能是钙的量补够了，其他和骨骼健康相关的因素却不足，比如钾、镁、维生素K、维生素C等都不够，骨骼的健康状态也是很难改善的。只有全面的健康饮食，才是最有利于抵抗骨骼衰老的哦！

@ 范志红_原创营养信息

老一代人常运动，有足够的粗粮、杂粮、青菜补充，这些对于骨骼健康都非常重要。天天吃汉堡、红烧肉，喝甜饮料，玩游戏，看电视，泡网络的生活是不可能对骨骼有好处的。我个人的健骨做法：经常做对骨骼有点冲击的运动，如跑跳和负重；不用防晒霜，多获得维生素D；每天吃至少半斤绿叶菜，增加钾、钙、镁元素和维生素K；每天200～300克酸奶或牛奶；日均鱼肉量不超过100克；常吃粗粮、豆类和薯类；尽量远离甜饮料和甜食。

身材苗条，为何老得更快？

某日，一个记者前来采访。说完正题之后，正好已经到了饭点，我就请她去食堂一起吃饭，参观我们学校的学生餐厅。

我给两个人买好饭菜，一边轻松聊天，一边吃饭。她说，采访完了，我有个私人问题能请教您吗？

我说，当然可以啊。

她说，我妈妈和你年龄差不多，她偏瘦，三餐都正常吃，吃得也算清淡，但是血糖和血脂是临界高值，为什么啊？她现在更年期了，经常说自己身体乏力，皮肤也有点松弛衰老。你看起来比她年轻很多，有什么秘诀吗？

这是一大堆很复杂的问题啊。我还是慢慢说，把它们理清楚吧。

首先，你妈妈偏瘦，是什么状态的瘦？是枯瘦，还是精干紧实的瘦？

人们常常听说，人到中年不能太瘦，一瘦就显得老，就会有皱纹。这里所谓的瘦，就是枯瘦。枯瘦意味着身体蛋白质少，也就是肌肉不足。瘦而肌肉不足的状态，就是干瘪和松弛。从身体上看，就是既瘦弱又松弛。从脸上看，就是脸部下垂，皮肤起皱。这种状态，当然看起来比较显老。

因为肌肉太少，所以身体的代谢率比较低。别忘记基础代谢是和肌肉总量成正比的。代谢率低的瘦人，容易出现怕冷和消化不良的情况，也比较容易患上感染性疾病。肌肉少的人，肌糖原的储备能力不足，餐后血糖控制能力也比较差。如果不注意吃低血糖反应的饮食，餐后血糖高，就容易带来甘油三酯偏高的问题。假如长期不加以控制，往往会出现四肢日益枯瘦，腰腹肥肉独多的情况，这正是糖尿病高危体型。

女记者说，啊，真让你说中了，我妈妈胳膊腿都偏瘦，就是腰腹有松松的肥肉。天哪，我要让她赶紧注意了。要多吃什么食物才能长肌肉而不长肚子呢？

我说，先要把食物吃够，特别是蛋白质要充足啊。你说妈妈三餐正常吃，到底吃了多少呢？

记者看看我的盘子。我的餐盘里面有半盘小白菜煮肉丸，半盘黑豆苗炒豆腐丝，一碗冬瓜汤，还有一盘把蒸山药片、蒸红薯条、蒸玉米块、蒸南瓜条混合的混合蒸菜。说笑之间，我已经把盘子里的东西吃得干干净净。

她说，我妈妈真的没有你吃得多。说实话，我也没有你吃得多，她比我还要少。我还以为，人到中年之后，要想不长胖，就只能吃很少一点点呢。可是你真的不胖，而且看起来很紧致。

在食堂和我一起吃饭的人，大多会说我吃得挺多，甚至高于女学生的平均水平。不过我自己心里有数，我的平均每日热量摄入不会超过轻体力活动成年女性的推荐值1800千卡。这是因为我选择的食物通常是高水分、高纤维、大体积的食材，蛋白质足够，脂肪不过多，而且低血糖反应。

比如说，我这餐的主食是蒸山药、红薯和甜玉米，淀粉总量远少于一个大馒头，但摄入的膳食纤维远多于一份馒头或米饭，血糖反应也低得多。在一餐当中，除了这三种杂粮薯类主食，还吃进去了小白菜、黑豆苗、冬瓜和南瓜4种蔬菜，其中小白菜和黑豆苗都是绿叶菜。蛋白质也不缺，有好几个鸡肉、猪肉和淀粉混合制作的肉丸（没有煎炸过），还有豆腐丝。总体的饱腹感非常不错。

而且，由于用餐时能充分吃饱，三餐之间根本没有食欲，既不吃饼干点心，也不吃瓜子花生。吃个水果还要刻意提醒自己。如果晚餐有事不能按时吃，我会在下午再加一杯酸奶或牛奶，既避免餐前饥饿，又避免晚餐过量。

记者频频点头，我要让妈妈像你这样吃。她日常就吃一小碗米饭，加上不太多的菜肴，肉也很少吃。

我又问了一句，你妈妈的骨质密度怎样？有没有发现骨质疏松情况？

她说，你又猜着了，我妈妈已经开始骨质疏松了，该吃什么才好呢？

我说，食量又小，消化又弱，肌肉又少，运动不足，这样的瘦弱女性在更年期及以后是非常容易患上骨质疏松的哦。让她吃绿叶菜，喝酸奶，吃豆制品，必要时补钙片和维生素D。最好去健身房让教练指导她做增肌运动哦！

延缓大脑衰老

最近经常听到朋友们抱怨，自己的记忆力是越来越差了。不仅经常忘记人名和地名，明明出门之前带了一样东西，转眼就忘记放在哪里了，遍寻不见，回家之后才发现，放在桌上忘记拿了。人还不到40岁，脑子就变得这么不中用了……

的确，每个人都有过年轻的时候，那时候我们精力充沛，记忆力非常好。记得大学时代考试的时候，对死记硬背类型的题全然不惧，连答案在课本的第几页第几行都记得清清楚楚。到了40岁乃至60岁时，哪里还有这样的能力呢？

其实，这就是大脑衰老的蛛丝马迹了。如果没有未雨绸缪的理念，任凭大脑功能下降，到70岁之后，部分人认知会下降严重，记忆力、理解力、判断力、空间感知能力等认知功能都会大大下降，甚至患上阿尔茨海默病，逐渐演进到痴呆状态。

那么，如何才能保护我们的大脑，吃什么才能让它功能活跃，延缓衰老呢？相关的研究给了我们很多提示。

人们最为熟知的，是吃鱼对于预防大脑衰老有好处。多项国外研究发现，对于65岁以上的老年人来说，吃鱼或服用含有 ω–3 脂肪酸的胶囊可以降低发生阿尔茨海默病的危险性。如 Hordaland Health Study 研究中对 2031 名 70～74 岁男性的调查发现，膳食中鱼的摄入量与认知功能之间有正相关，鱼摄入量越多的人，认知功能越好。日本一项研究也发现，阿尔茨海默病患者的饮食行为有很多共性，无论男女，他们的鱼类摄入量都比健康老人要少。

不过，吃鱼并不是唯一的因素，鱼油也未必是解决老年性认知衰退的灵丹妙药。想想那些内陆居民，比如山区和沙漠里生活的人，还有素食主义者，可能长年累月都没机会吃鱼，但他们并非人人都会患上阿尔茨海默病。显然，膳食中还另有一些帮助人体保持大脑健康的因素，其中富含叶酸等维生素和抗氧化物质的蔬菜水果最为人们所关注。

2009年，《阿尔茨海默病（Journal of Alzheimer's Disease）》杂志刊登了

德国科学家的一项研究，他们测试了193名45～102岁的中老年人，发现凡是蔬菜水果摄入量高者，其血液当中的抗氧化成分含量高，氧化产物水平低，认知测试得分显著高于蔬果摄入量低的人。无论教育水平、体重、血脂高低，结果都一样。

法国一项研究，对8085名65岁以上的老年人进行了调查，也发现蔬菜水果和鱼类一样，摄入总量越高，患阿尔茨海默病的风险则越低。

还有多项研究发现，在膳食中增加菠菜、蓝莓、草莓、黑巧克力、绿茶、螺旋藻等富含抗氧化成分的食物，对于预防认知功能随年龄下降而下降的现象有明显帮助。后续研究证实，食物中的多种抗氧化成分能减少促炎性细胞因子的生成，减少淀粉样蛋白，减弱衰老对于神经传导功能的降低作用。

那么，蔬菜和水果，到底哪一类对于认知功能最有帮助呢？一篇2005年发表的研究对13388名女性进行了长达17年的膳食习惯调查，并做了认知能力的测试。结果发现，水果吃多吃少与认知功能退化并无显著联系，但蔬菜摄入总量越多，认知功能下降的危险就越低。特别是深绿色叶菜，摄入量越高，认知功能的衰退就越少，差异极为显著。

无独有偶，2006年，一项发表在《神经学》上的研究对3718名65岁以上老年人跟踪6年，调查他们的饮食内容和认知情况，该研究也发现蔬菜摄入量越多，认知功能下降的程度就越低，而水果摄入量的改变则对其没有影响。中国的研究则发现，蔬菜摄入量与老年人的抑郁评分有负相关。

为何蔬菜比水果对保护大脑更有价值呢？一方面可能是因为绿叶蔬菜抗氧化物的含量和维生素含量高于大部分水果，另一方面可能是由于水果含有较丰富的果糖，而有研究提示，果糖摄入量高，可能会促进大脑衰老，增加阿尔茨海默病发生的风险。

或许我们可以这么说，对于维护一个聪明健康的大脑，多吃绿叶蔬菜，就像多吃鱼一样重要。

最后还要提一提科学家们的其他健脑忠告——少吃肉类脂肪，少喝甜饮料，少吃甜点甜食，少吃含大量饱和脂肪和反式脂肪的食物，减少精米白面比例以降低膳食血糖反应，充分补充各种维生素和微量元素，学会减轻精神压力，多运动，勤动脑等，都是让自己大脑保持年轻的要点。仅仅经常吃鱼还远远不够哦！

你的饮食有利于抗衰老吗？

如何延缓衰老是人人都关心的话题，众多方法中，饮食起到了很重要的作用，先来一起测测你的饮食抗衰老指数吧！

1. 你每天能吃到200克深绿色蔬菜（如菠菜、油菜、油麦菜、绿菜花等）吗？

2. 你会想办法每一餐都吃蔬菜，连早餐都不放过吗？

3. 你的主食食材，除了白米白面之外，还有一半的全谷、杂豆或薯类(如甘薯、马铃薯、山药、芋头等)吗？

4. 你每天都能吃到半斤水果吗？

5. 你每天都吃一汤匙的坚果仁，或者芝麻、亚麻籽之类的油籽吗？

6. 你每天喝1～2小杯活菌酸奶（不包括乳饮料和酸奶饮料）吗？

7. 你每周有4次以上吃豆腐、豆干、腐竹等豆制品吗？

8. 你每天吃的肉类或鱼类加起来不低于50克，也不高于150克？

9. 你的每一餐都注意吃到主食、蔬菜和优质蛋白质三类食物吗？

10. 你能做到三餐定时定量，而且每天给自己制作美味又营养的早餐吗？

11. 你每天所吃的食材种类都能超过12种（不算调味品和烹调油）吗？

12. 你很少用饼干、速冻饺子、方便面和汉堡热狗之类来代替一餐吗（每周少于2次）？

13. 你总是让自己保持七八成饱，不会过量饮食，也不让自己感觉特别饥饿？

14. 你的菜肴烹调温度比较低，喜欢凉拌、炖菜和蒸煮，而且盘子里很少有多余的油吗？

15. 你每天喝6杯以上的水或淡茶，而且不喝甜饮料吗？

如果答案为肯定的，则每题为自己加1分。分数越高，则抗衰老能力越强。如果分数低于10分，说明你的饮食状况比较糟糕，并不利于抵抗衰老，需要赶紧调整。

1 ～ 5题都得分，说明你抗氧化物质摄入充足，有助于延缓皮肤和身体组织的衰老。人体的衰老，往往开始于脂肪的氧化。天然果蔬、豆类和坚果种子类食物中富含维生素E、类胡萝卜素、花青素、类黄酮等多种抗氧化物质，对于保持年轻状态、降低炎症反应十分重要，而且有利于预防癌症和心血管疾病。这些物质都很娇气，而且需要和其他食物因素配合作用，所以最好是直接吃天然食物，而不要依赖保健品。例如，绿叶蔬菜和橙黄色蔬菜当中富含胡萝卜素和叶黄素，番茄和西瓜中富含番茄红素，紫米、黑米、红豆、黑豆、葡萄、蓝莓等富含花青素，山楂、大枣、茄子、柑橘、芦笋和绿叶菜等食品富含类黄酮，坚果和粗粮中富含维生素E。

　　1 ～ 5题都得分，还说明你膳食纤维摄入充足，有助于毒素、废物及时清除。不溶性纤维能促进肠道蠕动，预防便秘，可溶性纤维能与脂肪和胆固醇结合，减小高血脂、脂肪肝发生的风险。多吃蔬菜和粗粮可以获得不溶性纤维，而可溶性纤维主要存在于海藻、蘑菇、豆类和某些水果当中。

　　1、6、7题都得分，代表你的钙摄入充足，有助于维护挺拔的身姿。要预防骨质疏松，膳食中必须供应充足的钙。酸奶、牛奶和奶酪是膳食钙的最佳来源，不仅含量丰富，而且吸收率高。其中最值得推荐的是酸奶，因为其中所含的活乳酸菌能够调理肠道机能，改善营养吸收，提高人体免疫力，对预防衰老最为有益。豆腐等豆制品也是钙的好来源，还能提供充足的植物蛋白。绿叶蔬菜不仅含有丰富的钙，而且富含镁、钾和维生素K。镁是骨骼的组成成分之一，能提高钙的利用率，充足的钾则有利于减少尿钙的流失。绿叶蔬菜富含维生素K，它是"骨钙素"合成的必需因子。如果维生素K缺乏，即便吸收了足够的钙，骨骼还是无法充分钙化。

　　6 ～ 9题都得分，说明你蛋白质摄入充足，有助于身体组织及时修复，预防少肌症。随着年龄的增长，身体的合成能力会下降，分解代谢变成主导。肌肉需要良好的合成功能来保障，如果这时出现营养不良的状况，就更会加剧身体肌肉组织的过度分解，导致少肌症的发生，这是身体衰老、代谢水平低下的重要指征。保证每天的必需蛋白质尤其是优质蛋白的摄入量，并积极运动，才能让身体组织及时修复，肌肉不易出现松弛，预防少肌症。

优质蛋白质的来源有蛋类、奶类、肉类、鱼虾贝类、豆制品（豆腐、豆腐干、腐竹、千张等）。

10题得分，说明你重视早餐质量，三餐规律。这可以帮助预防中老年人常见的胆结石、胆囊炎等问题，也有利于预防多种胃肠疾病。

11～12题得分，说明饮食质量较高，食物多样化程度较好，有利于预防营养素缺乏带来的衰老，也能避免依赖少数精白淀粉加油脂制成的不健康食品，而这些食物会促进肥胖和糖尿病的发生。餐后血糖、血脂水平过高会加速身体组织的衰老。

12～15题得分，说明食物总热量控制得好，有助维持健康的体重。美国科学家通过研究发现，运动和控制体重可以抵消更年期带来的不利影响。他们建议，女性在30岁之后，每周要做消耗1000千卡的运动，这大约相当于慢跑3小时、跳操4小时，或远足5小时。我国运动专家推荐每周3次健身，用有氧运动消耗脂肪，加上改善体形的健美运动。同时，把饮食控制在七分饱的程度，适当减少脂肪，远离甜食甜饮料，就能轻松控制体重。

预防癌症

绿叶菜帮我们预防癌症？

在人们恐惧的致癌物中，黄曲霉毒素最有"知名度"。这种毒素具有强烈的致癌性，与肝癌发病有一定关联。除此之外，还有赭曲霉毒素、杂色曲霉毒素、镰刀菌毒素、展青霉素，等等，其中很多都有致癌性。

霉菌毒素通常来自于食品原料，因为它们是"纯天然"的毒素，只要有合适的温度和湿度，霉菌们是不会放过它们喜爱的美食的。比如说，黄曲霉就非常喜欢花生、玉米、大米、坚果、油籽等各种食材。可以这么说，只要我们吃这些食物，或多或少地都要和霉菌毒素和平共处。保证安全的关键是要保证食材的储藏条件，让霉菌没法旺盛繁殖、大量产毒。

但也有媒体问，温度和湿度有时候真没法完全控制好，特别是高温高湿的南方地区，甚至家里储藏东西也会多多少少有点霉味。有没有什么食品能帮我们减少黄曲霉毒素的危害？

确实有这种食物。虽然大量的黄曲霉毒素没法通过吃什么来解毒，但日常摄入的霉菌毒素数量毕竟很低，这时候还是有办法减轻它们的危害的——那就是多吃些富含叶绿素的深绿色叶菜。

一想到绿叶蔬菜，人们立刻会想到杀虫剂农药，想到怎么洗、怎么泡，似乎绿叶蔬菜就是污染的源头，污染积累会带来癌症。而说到抗癌食品，人们往往想到的是番茄、绿菜花和芦笋，很少有人想到普通的绿叶蔬菜。事实或许正好相反，大量研究证明，深绿色叶菜是最佳防癌蔬菜之一。它们不仅营养价值极高，而且有确定的防癌效果。

有关绿叶菜的防癌作用，早在1980年就有了报道。当时有研究者发现，蔬菜的丙酮提取液能够在Ames试验中抑制两种强烈致癌物3—甲基胆蒽（methylcholanthrene）和苯并芘的致突变作用。研究者还发现，无论哪种处理，这种作用的效果都与提取液中的叶绿素浓度呈现正相关，也就是说，提出来的叶绿素越多，蔬菜的抗突变作用就越强。用叶绿素铜钠（把叶绿素中的镁离子置换成铜和钠的产物，常用作天然色素使用）也可以达到类似的效果。

后来，人们不断确认了叶绿素和绿叶蔬菜的防癌作用，发现叶绿素的摄入量与多种癌症的患病风险呈负相关。也就是说，吃越多的深绿色叶菜，患癌症的风险就越小。例如，2006年荷兰的一项流行病学研究表明，在成年男性中，叶绿素摄入量越高，患结肠癌的风险就越小；而血红素的摄入量越高，患结肠癌的风险就越大。换句话说，红肉吃得越多，患肠癌的风险就越大，而青菜吃得越多，患肠癌的风险就越小。另外，还有研究发现，在实验动物大鼠大肠中，叶绿素能降低血红素的细胞毒作用和促进细胞异常增殖的作用。此外，绿叶蔬菜中丰富的膳食纤维对预防肠癌也有好处。

除了肠癌之外，叶绿素或绿叶菜对乳腺癌、肝癌和皮肤癌也都有保护作用。其中有研究确认绿叶蔬菜里特别丰富的叶酸可能是抑制乳腺癌发生的一个重要因素，而对于肝癌发病有重要作用的黄曲霉毒素，和叶绿素之间也有一些微妙的关系——叶绿素可以大大降低它的致癌威力。

2007年，著名医学杂志《癌病变》刊登了一项文章，其研究发现天然叶绿素可以抑制黄曲霉毒素B_1引起的大鼠多器官致癌作用。研究者表示，叶绿素的抗癌机制可能是它能大幅度减少黄曲霉毒素的吸收率，从而抑制了黄曲霉毒素对肝脏DNA的加成作用。他们认为，叶绿素是一种极好的化学保护物质，对抗致癌物的作用非常有效，从减少吸收到减轻致癌物与遗传物质的作用，再到抑制各组织癌前病变的出现，各环节都有明显的效果。

这黄曲霉毒素B_1可不是等闲之辈，它不仅毒性高，在动物实验中有致癌性，而且在流行病学调查中发现，它与我国南方某些地区的肝癌高发有密切关系。在潮湿的气候条件下，花生、玉米和大米等都非常容易滋生黄曲霉或污染微量的黄曲霉毒素，而吃这种含毒素的粮食，哪怕毒素含量当时并没有引起中毒，长年累月的累积却可能增加致癌危险。特别是在现在的富裕生活状态中，膳食中动物蛋白质和脂肪摄入量都很高，可能会间接地提高黄曲霉毒素的致癌性。

当然，这只是一项动物研究，对人体来说，叶绿素是不是也有同样的作用呢？在大鼠试验的启发下，2009年的《癌症预防研究》杂志上发表了一项人体试验研究，它证明，在人类志愿者当中，叶绿素一样能够有效地对抗黄曲霉毒素的致癌作用。研究者们给志愿者服用微量 ^{14}C标记的黄曲霉毒素 B_1 胶囊，然后正常进食和饮水，测定他们在72小时之内对黄曲霉毒素的吸收和代谢情况。过若干天后，给志愿者同样服用这种黄曲霉毒素胶囊，但再加上叶绿素或者叶绿酸。结果和大鼠试验相当类似，叶绿素和叶绿酸能大大降低黄曲霉毒素的吸收率。

其实，绿叶蔬菜当中有利于预防疾病的因素绝不仅仅只是叶绿素，它所含丰富的类黄酮远远超过茄子、洋葱等以类黄酮著称的食品；它所含的 β - 胡萝卜素和叶黄素甚至可以接近于胡萝卜的水平；它含有丰富的叶酸和维生素 K，还有相当多的维生素 B_2、维生素 C、钾、钙、镁和硝酸盐，还有比番茄黄瓜高得多的膳食纤维。这些对于预防癌症和心脏病都极有益处。

深绿色的叶菜，在世界上大部分国家里都价格高昂，难得的是中国人能吃上品种丰富、价格低廉的绿叶菜。但是我们似乎没有好好珍惜这种罕有的幸福和幸运，总把绿叶菜看成不值钱的东西、低档的食品，没有好好享受它的健康效益，真是太遗憾了。

在日常生活中，哪一天没有吃到200克绿叶菜，就觉得自己的饮食质量太低——我在许多场合都这样说过。但绿叶菜没有给我带来青菜色，也没有带来日晒斑，相反，带来的是健康的光泽和细腻的皮肤。它很可能还会帮我远离心血管病，远离可怕的癌症。

请热爱健康的人们一起行动起来，不仅仅为了营养平衡，哪怕只是为了远离黄曲霉毒素的危害，也不妨在每日餐桌上和绿叶菜幸福地约会……

@ 范志红_原创营养信息

　　十字花科蔬菜富含具有抗癌作用的硫甙类物质，究竟哪种含量最多？按总含量，日常蔬菜中硫甙类物质含量最高的是水田芥，然后是芥蓝和芥菜、萝卜、绿菜花、圆白菜和白色菜花，最后是大白菜和娃娃菜。根据我们最近测定的数据，娃娃菜中的含量约是芥蓝和芥菜的1/4。品种间差异较大。太脆太嫩的菜往往营养素和保健成分含量有限，净是水分了。叶片硬一点、韧一点的菜，往往营养价值更高。

　　多名国外专家认可的10个防癌建议：1.多接触阳光，保证充足的维生素D；2.控制胰岛素水平，少吃甜食和精白淀粉；3.有足够的体力活动；4.保持好心情；5.早睡觉、睡好觉；6.保持健康的体重；7.吃足够的蔬菜；8.烹调多用蒸煮拌，少用炸煎炒；9.远离环境污染，少用日用化学品；10.提高膳食中 ω−3脂肪酸的比例。

　　人们对嘴里吃进的食物比较在意，而对肺里进去的空气则很少关注。其实，胃肠道还有灭活毒物和排除污染的能力，而肺除纤毛、黏液的保护之外却没有解毒能力，所以从肺里进入的污染更危险、更直接。遇到烧烤烟气，最好绕开走或者屏息赶紧跑过去。即便如此，衣服上还是会沾上很多致癌烟气微粒，回家都无法散去。所以把外衣挂在门口是个明智之举，尤其是有孩子的家庭。

怎样吃才能远离乳腺疾病？

不知从什么时候开始，女人的乳房成了高危部位。年轻时只想着如何双峰傲人，甚至热衷于丰胸；待人到中年，各种麻烦往往接踵而至。随着生活水平的提高，女性乳腺增生的发生率日益上升，在35～50岁发生率最高。而乳腺癌也成为各城市女性发病率最高的癌症种类。怎么吃才能减少乳腺疾病的危险呢？

我查阅国内相关研究报告发现，动物性食品摄入过多、油炸食品摄入过多等因素与乳腺疾病的患病风险密切相关，而多吃蔬菜水果和素食为主的饮食习惯对乳腺增生有预防作用。也就是说，大鱼大肉吃多了，油腻煎炸吃多了，患乳腺疾病的风险就会增大，为什么呢？科学上目前从四个方面进行了解释。

第一，吃鱼肉蛋奶较多则摄入的饱和脂肪较多，会导致催乳激素水平提高、雌激素分泌增加；第二，吃的东西油水太大，运动又不足，体脂肪难免增加，而脂肪组织增加本身就会带来雌激素水平的上升；第三，高脂肪饮食还可能改变肠道菌群的结构，增加肠道中的胆汁被转化为雌激素的危险，从而导致身体雌激素水平整体升高，增加乳腺增生的风险；第四，鱼肉蛋奶等食品中的动物性脂肪往往是环境污染积累的重灾区，那些多年难分解的、脂溶性的环境污染物，不论是塑化剂、多氯联苯、六六六还是二噁英等，都是环境雌激素，它们会沉积在动物的脂肪中，浓缩之后进入人们的嘴里。

国外研究还发现，身体脂肪过高是乳腺癌的重要促进因素，酒精也是促进因素，而较低能量、较少脂肪、较高膳食纤维的饮食，都有助于预防乳腺癌的发生，对于已经患癌者来说，能够延长患癌后的生存时间。

也就是说，要吃更多的全谷（包括大部分粗杂粮）和薯类，以及大量蔬菜水果，以便延缓餐后血糖上升速度，降低成年人的发胖危险，让体脂肪保持正常状态。同时，蔬菜水果和杂粮薯类中富含植物化学物，它们本身就有一定抑制细胞过度增殖和预防癌症的作用。最后相对于动物性食品，植物性食品中的难分解脂溶性环境污染物积累要少得多。

很多人都问，那么豆制品和豆浆呢？它们是不是会促进乳腺增生和乳腺癌呢？听说黄豆当中含有很高的大豆异黄酮，这是一种植物性雌激素，医生都不让乳腺增生的人吃豆制品啊！

目前国内外的调查结果并没有发现豆制品有促进乳腺增生或者乳腺癌的作用。相反，在有豆制品摄入传统的亚洲国家进行的流行病学研究证明，豆腐、豆浆等大豆制品对于控制雌激素水平、预防乳腺癌方面还有一定的好处。也就是说，豆制品摄入量大的人，患乳腺癌的风险会降低，特别是绝经前的妇女，而且效果比较肯定。不过，这并不意味着大豆异黄酮可以随便吃，因为大豆、豆制品和大豆异黄酮，这三者并不是一样的概念。

大豆中虽然含有大豆异黄酮，但是毕竟含量比较低，吸收率不够高，而且除了大豆异黄酮之外，还含有其他很多抑制细胞过度增殖的因素，比如蛋白酶抑制剂、植酸、单宁、膳食纤维等。所以，吃大豆异黄酮保健品需要慎重考虑，而日常吃豆制品是无须太过紧张的。中国营养学会推荐每天吃相当于25克黄豆的豆制品，最多不超过50克，而25克黄豆只相当于2杯豆浆或不到100克卤水豆腐的量。

可是，提取出来的大豆异黄酮就不一样了。它把大豆中的其他因素全部去掉，只剩下一种成分，危险就要大得多了。还有各种当成保健品销售的蛋白粉，其中大部分是大豆蛋白粉，它们没有去掉大豆异黄酮，也同样有影响激素水平的风险。有几位女性告诉我，她们服用大豆异黄酮之后，发生了乳腺增生；若干医生告诉我，看到很多病例患乳腺癌之后本来成功切除，大量服用蛋白粉后癌肿复发。

除了大豆异黄酮保健品和蛋白粉之外，有些号称能够美容的保健品也要高度小心。这些产品包括胶原蛋白美容产品、雪蛤/林蛙油和蜂王浆等。国内乳腺疾病的调查当中发现，服用这些产品都有很多引起乳腺增生的案例。事实上，升高雌激素是让皮肤状态改善的重要方式之一，但这种方式会带来乳腺和子宫细胞增生的风险。如果已经发生增生，一定要远离这类产品。

这些国内调查还发现，教育水平高、精神压力大、性格内向、月经初潮较早、第一次生育时的年龄大、经历过多次流产等也都是乳腺增生的危险因素。而母乳喂养的时间越长，乳腺增生的危险越小。

同时，还有国外研究发现，阳光、维生素D、叶酸等都可能是预防乳腺癌的保护因素。有研究发现，在青春期的时候，如果能够经常接触日光，对一生当中的乳腺癌风险都有减小的作用。还有动物实验发现，钙和维生素D可以减少高脂饮食带来的乳腺细胞过度增生。可惜，目前知识女性从小埋头书本，成年后每日做室内工作，接触日光的机会太少，而且普遍热衷于涂抹防晒霜，而SPF8以上的防晒霜就会影响到皮肤中维生素D的合成。

所以，女性要想远离各种乳腺疾病，就要及早对饮食和生活习惯进行调整。多吃蔬果、杂粮、薯类，减少动物性食品，烹调少油，远离煎炸和甜食，都是重要的饮食保护措施。

同时，情绪状态和身体脂肪状态也都是可以调整的，而最好的方法就是在阳光下跑步，多做接触自然的健身运动。运动能缓解压力，开朗心情，有效减少体脂肪含量，平衡身体激素，也能帮助我们远离乳腺疾病的烦恼。

@ 范志红_原创营养信息

近一百年来，不仅奶牛的饲料，产肉、产蛋的家畜和普通家禽的饲料也变了，粮食、豆类、蔬菜、水果的栽培方法变了，空气质量变了，作息时间变了，体力活动强度变了，精神压力变了……所以，用一种食品来解释某种慢些疾病或癌症的病因，多少有点牵强。

在北京，肺癌是仅次于乳腺癌的女性第二位癌症。很无奈的是，在会议、聚餐等公共场合，女性无法避免二手烟的长时间污染。不仅大气污染、装修污染无法避免，很多女性还要忍受缺氧到让人窒息的办公室空气环境和烹调油烟。

晒太阳，防癌症

通常，人们以为维生素 D 只有促进骨骼健康的作用，但有大量研究证实维生素 D 与超过 100 个基因的活化有关，对人体免疫系统具有重要的调节作用。一项由威斯康星大学发表的研究报告就表明，缺乏维生素 D 的人，罹患阿尔茨海默病的风险要大得多。

而最新研究已经确认，维生素 D 还能够帮助预防多种癌症、心脏病、糖尿病、风湿性关节炎、多发性硬化症。糖尿病患者当中，竟有 60% 的人维生素 D 不足！如果能够有效提高自己体内的维生素 D 水平，每年就有数百万人可以避免死亡的威胁！故而，维生素 D 目前被公认为最能有效延长寿命的维生素。

欧洲肿瘤研究所和国际癌症研究所的研究人员对 18 项相关研究做了综合分析，发现在这些研究当中，给受试者补充维生素 D 都得到了降低死亡率的结果。受试者超过 57000 人，时间长达 6 年之久，补充维生素 D 的数量从 300 国际单位到 2000 国际单位不等。

与没有服用维生素 D 补充剂的对照人群相比，服用维生素 D 的人死亡率降低了 7%，血液中的维生素 D 也升高了 40% ~ 50%。

研究者认为，死亡率之所以有所下降，主要是因为维生素 D 具有调节细胞增殖功能的作用，阻止了细胞的异常增殖，从而有利于预防癌症的发生。

在地中海地区居民中进行的研究也发现，日照时间和体内维生素 D 水平与乳腺癌的发病率有极密切的关系，日照越充足的人群当中，乳腺癌发病率越低。除去乳腺癌之外，欧洲和北美的研究均证实，维生素 D 还可以帮助人体降低罹患结肠癌、前列腺癌、卵巢癌等多种癌症的风险。《科学》杂志的一篇研究论文推测，充足的维生素 D 可以促进分解由高脂肪膳食诱导产生的一种胆酸类诱癌物质，从而降低人体结肠癌的发病率。

在空气质量较差的大都市，以及寒冷的冬季，由于日照不足、户外活动较少，皮下合成的维生素 D 严重不足。很多女性为了保持雪白的皮肤颜色，害怕紫外线照射引起的皱纹，一年四季都要涂抹防晒霜，又大大地减少了维生素D合成的机会。因此大部分都市居民的维生素D水平低于理想数值。那么，该如何获得足够的维生素D呢？

（1）通过室外活动照射日光来获得维生素D是最为安全和方便的途径，而且数量大于食物中的摄取数量。因为人体所需的维生素D，90%由日光照射产生，这种来源的维生素D效果最佳，且无任何毒性。在阳光温暖的时候，每天只需要30～60分钟的户外活动即可达到目标。防晒霜会阻隔紫外线，因而会严重妨碍维生素D的合成。当然，暴晒的夏日还是应当注意遮阳，使用防晒霜，以避免晒伤。

（2）如果不能得到充足的日光，人们最好能够通过天然食物补充维生素D，如全脂牛奶、奶油、蛋黄、多脂肪的海鱼和鳕鱼油、肝脏和肾脏等。植物性食品和肉类当中几乎不含有维生素D。

需要注意的是，维生素D摄入过量可能引起不良反应，甚至导致骨骼钙化异常和动脉钙化，因此吃鱼油时应控制在每日2小勺以内。但不直接大量食用海鱼肝脏或鱼油，从食物中摄入维生素D是安全的，不会引起过量的危险。

（3）如果服用维生素D补充剂，应注意按说明控制服用剂量，因为过量时可能发生中毒。复合维生素制剂中通常会含有维生素D，因此，服用几种含有维生素D的营养品时，一定要计算食物和药剂中的维生素D总量。

@ 范志红_原创营养信息

　　维生素D和着装有关系。女生往往脸上要涂防晒霜，如果能把腿露出来，接触阳光的裸露皮肤面积越大，则同样时间获得的维生素D越多。夏天穿短袖，20分钟暴露于阳光下就能满足一天的需要。秋冬时如果皮肤被衣服覆盖，脸上又涂防晒，基本上就得不到维生素D了。

不挨饿也能减肥的小窍门

有一天，我和L教授聊天，说到10多年来，我们两个人的体型都没有发生明显变化。

"年近五十的人了，真的不控制不行啊。"L教授说。

我说，是啊，每当我运动量减少，特别是一段时间不跑步之后，腰腹上的脂肪就明显增加。可是,您并没有专门做运动，又是怎样保持体型的呢？

L教授说，其实我也运动，只是没有像你那样跑步，也没做高强度间歇运动。我只是坚持走路罢了，每天差不多都能走够一万步。虽然走路的运动强度不够大，但是也能消耗不少热量，至少能够基本吃饱而不长胖。

这一点我高度赞同。其实我也一样，在没法跑步的时候会注意多走路。比如说，每次去机场，我都不是拉着箱子，而是直接背上一个双肩包。这样，在偌大的机场里走来走去就是"负重走"了。这种负重运动比不负重的走路会消耗更多的热量，而且因为有重量负荷，对维护骨骼密度也是有好处的。至少到目前为止，我的骨密度还处于比较年轻的状态中，膝关节的功能也基本正常，能跑能跳，上楼下楼都没有不良感觉。

那么，在饮食方面，你又是怎样注意的呢？我继续追问。

L教授说，这个嘛，我确实有些小秘诀。首先是有些东西很少吃，比如甜食啊，油腻啊，油炸食品之类都不吃，零食点心也不吃。只吃正常的饭菜。吃点辣的东西不妨碍啦，只要不多吃油，其实吃辣椒、花椒之类对减肥都没什么不良影响。

这个我知道，如果没有大量油相配，也不多吃主食，那么辣味调味品对减肥毋宁说还是有好处的，因为国内外研究都发现，辣椒素有利于增加热量消耗，减少脂肪积累。

此外，吃饭的顺序也特别重要。必须先吃很多少油蔬菜，把胃填满一半，然后再吃主食和鱼、肉类！只要你按这个顺序吃，想吃太多主食和鱼、肉都做不到，因为胃只有那么大的空间。最让人高兴的是，这样吃虽然减小了饭量，但并不会觉得饿，操作起来还特别简单！L教授很得意地吐露了这个关键的秘诀。

这和我多年来提倡的进食顺序是很一致的，而且也符合控餐后血糖的原则。因为先吃了很多少油蔬菜，所以蔬菜是绝对不会缺的，肯定供应丰富，增加了钾、镁、钙、类胡萝卜素和类黄酮等有益成分的摄入量。特别是大量绿叶蔬菜，能够帮助预防糖尿病、高血压、中风和肠癌。它们所带来的饱腹感，让人们不会在用餐时吃进去过多的热量。而绿叶蔬菜中所含膳食纤维比瓜类、果实类蔬菜更丰富，胃排空速度较慢，延缓了饥饿感的到来，也同时延缓了餐后血糖的上升速度。血糖上升较慢的情况下，主食中的葡萄糖缓慢释放出来，在餐后几小时当中能够保持血糖水平稳定，工作能力稳定，而血糖不会忽高忽低，也能推迟饥饿感的到来。

不过这个方法还可以有一个改进版：餐前半小时先喝1杯牛奶或豆浆，然后吃1碗少油绿叶蔬菜，最后吃主食、鱼肉类和其他蔬菜。

事实上，人在非常饥饿的情况下还要以理性的态度来选择食物顺序，往往是很难做到的。不如在饥饿感到来之前，先吃一点高蛋白质、大体积的食物，延缓饥饿感的到来，然后再按顺序进食。要说既含蛋白质，能量密度又低，吃起来又方便的食物，那当然是首选牛奶或豆浆啦。没有乳糖不耐受的人直接喝牛奶，空腹喝奶不舒服的人可以选择盒装豆浆或低糖酸奶。

说到这里，我们相对一笑，只要保证基本的运动量，再加上控制饮食的科学理性，做到既不挨饿又不发胖，其实根本就不难嘛。

如今时代变了，在发达国家当中，社会经济地位高、教育水平高的人都会非常注意科学饮食、积极健身、保持优雅体型和良好健康状态。没看见希拉里和特朗普竞选也在拼健康分数吗？中国现在已经开始了这种观念转变。特别是受过良好教育、对生命质量有追求的人，赶紧行动起来健康生活吧！

@ 范志红_原创营养信息

　　虽然年轻时肥胖肯定会增加后半生罹患多种的慢性病风险，但年轻时太瘦也未必好。如青春期到25岁之间处于营养不良导致的低体重状态，不仅当时容易发生贫血、缺锌，还可能增加以后患糖尿病、脑血管病和骨质疏松的风险。热衷于骨感的同学们要小心了，人生之路还很长，不能搞短期行为啊。

　　姿态比体重更重要。年轻女孩大部分只追求瘦身，却很少注意到自己的鸭子步、八字脚、微驼的背、撅起的腹部和塌下的肩腰。如果改进姿态，每个女孩都可以在几秒钟内显得高2厘米、瘦5斤，不用饿肚子，也完全不会反弹。习惯了优美挺拔的姿态，不仅增加风采，还有益于预防肥胖。

你的进食顺序有没有错？

无论使去餐馆就餐，还是在别人家做客，吃饭的顺序似乎已经约定俗成——先给孩子来点甜饮料，大人们则专注于鱼肉主菜和酒品，吃到半饱再上蔬菜，最后吃主食，主食后面是汤，最后还有甜点或水果。

这种大众公认的用餐顺序，其实，也可以说是最不健康、最不营养的用餐顺序。

先从甜饮料说起。这类饮料营养价值甚低，如果用它们填充孩子小小的胃袋，后面的食量就会显著减少，容易造成孩子营养不良。

对于成年人来说，在饥肠辘辘的时候，如果先摄入鱼肉类菜肴，显然会把大量的脂肪和蛋白质纳入腹中。因为鱼、肉中的碳水化合物微乎其微，显然一部分蛋白质会被作为能量浪费掉。但是，浪费营养素并不是最要紧的问题，摄入过多的脂肪才是麻烦。在空腹时，人们的食欲旺盛，进食速度很快，根本无法控制脂肪和蛋白质的摄入量。就饮酒而言，也是空腹饮酒的危害最大。

等到蔬菜等清淡菜肴端上桌时，人们的胃已经被大鱼大肉所填充，对蔬菜兴趣有限。待到主食上桌，大部分人已经酒足菜饱，对主食不屑一顾，或者草草吃上几口了事。如此一来，一餐中的能量来源显然只能依赖脂肪和蛋白质，膳食纤维也严重不足。天长日久，出现血脂升高的问题在所难免。

吃了大量咸味菜肴之后，难免感觉干渴。此时喝上两三碗汤，会觉得比较舒服。可是，餐馆中的汤也一样含有油盐，给血压、血脂上升带来机会。等到胃里已经没有空闲之处时，端上冰冷的水果或冰淇淋，又会让负担沉重的胃部发生血管收缩，消化功能减弱。对于一些肠胃虚弱的人来说，吃完油腻食物再吃冷食，很容易造成胃肠不适。

如果把进餐顺序变一变，情况会怎么样呢？

不喝甜饮料，就座后首先吃清爽的新鲜水果，然后上一小碗清淡的开胃汤，再吃清淡的蔬菜类菜肴，把胃充填大半；然后上主食，最后上鱼肉类菜肴，此时可饮少许酒类。

如此，人们既不太可能油脂过量，也不太可能鱼肉过量，轻而易举地避免了肥胖的麻烦；首先保证进食了足够多的膳食纤维，延缓了主食和脂肪的消化速度，也能避免高血脂、高血糖。从食物类别的比例来说，这样的顺序可以控制肉类等动物性食物的摄入量，保证蔬菜和水果的摄入量，提供大量的抗氧化成分，并维持植物性食物和动物性食物的平衡。

对比中国居民膳食宝塔，每天摄入量最多的应当是蔬菜和主食，而摄入量应当最少的是动物性食品，把它们放在就餐顺序的最后，当是合情合理的。

与喝普通咸汤相比，就餐时喝茶或者喝粥、汤要健康得多。因为茶和粥、汤几乎不含钠盐，也不含脂肪。茶里面富含钾，可以对抗钠的升压效果，还能提供少量维生素C；如果使用豆类或全谷原料来煮，粥、汤中除了富含钾，还有不少B族维生素。

除了食物的选择，进餐时也要注意速度不能过快。如果本来就爱吃精白细软的淀粉类主食，还快速地吃完，血糖上升的速度可想而知，胰岛素的压力之大可想而知，对于预防糖尿病当然是非常糟糕的事情；而精白淀粉食物加肉类的配合，还让血脂的控制也会变得更难。如果运动不足，35岁之后会非常容易患上脂肪肝、高血脂、糖尿病。

说起来，不过是用餐顺序、用餐习惯的小变化；做起来，改变的却是健康生活大效果。

@ **范志红_原创营养信息**

用曾经发生过甚至莫须有的食品安全事件来让自己感到郁闷，或者用食物相克的谣言来吓唬自己，就好比每次上飞机之前都相信飞机会坠落，每次开车时都坚信会出车祸一样，害人害己。既然吃了，就坦然地吃，否则就别吃，何必疑神疑鬼。

怎样才能吃到"七分饱"？

人们经常听到这样的说法，要想不长胖、不给肠胃增加负担，吃饭要吃到七分饱。因为吃进肚子里的食物，如果比例和数量不合理，很可能会造成食物的"隐性浪费"，比如过量的蛋白质、钠、磷和硫元素，都要经过内脏的处理，然后排出体外。这些多余的营养成分，不仅不能为人体健康发挥作用，反而会给身体带来沉重的负担。还有食物中多余的脂肪，会轻易地变成我们身体中的肥肉，并带来肥胖、高血脂、脂肪肝和糖尿病等慢性疾病的风险。

可是，说起来容易做起来难。什么叫七分饱？或者说，七分饱是什么感觉？到现在也没有一个准确的说法。

在研究饱腹感一段时间后，我按个人体验，想给这个模糊的说法加上一个比较容易操作的定义，在这里和大家交流，看看是否妥当。

所谓十分饱，就是一口都吃不进去了，再吃一口都是痛苦。

所谓九分饱，就是还能勉强吃进去几口，但是每一口都是负担，觉得胃里已经胀满。

所谓八分饱，就是胃里面感觉到满了，但是再吃几口也不痛苦。

所谓七分饱，就是胃里面还没有觉得满，但对食物的热情已经有所下降，主动进食速度也明显变慢。习惯性地还想多吃，但如果撤走食物，换个话题，很快就会忘记吃东西的事情。最要紧的是，第二餐之前不会提前饿。

所谓六分饱，就是撤走食物之后，胃里虽然不觉得饿，但会觉得不满足。到第二餐之前，会觉得饿得比较明显。

所谓五分饱，就是已经不觉得饿，胃里感觉比较平和了，但是对食物还有较高热情。如果这时候撤走食物，有没吃饱的感觉。没有到第二餐的时间，就已经饿了，很难撑到下一餐。

再低程度的食量，就不能叫作"饱"了，因为饥饿感还没有消除。

七分饱，就是身体实际需要的食量。如果在这个量停下进食，人既不会提前饥饿，也不容易肥胖。但是，大部分人找不到这个点，经常会把胃里感觉满的八分饱当成最低标准,甚至到了多吃一口就觉得胀的九分饱。这样,如果餐后没有足够的运动,必然就容易发胖。

很多人说,你怎么能感觉出来这么细致的差异呢?我根本不知道到了几分饱啊?这是因为我们吃饭的时候从来没有细致感受过自己的饱感。如果专心致志地吃,细嚼慢咽,从第一口开始,体会自己对食物的急迫感、对食物的热情、每吃下去一口的满足感,体验饥饿感的逐渐消退,胃里面逐渐充实的感觉……慢慢就能察觉到这些不同饱感程度的区别。然后,找到七分饱的点,把它作为自己的日常食量,就能预防饮食过量。

对饱的感受,是人最基本的本能之一,天生具备。不过,这种饱感的差异,一定要在专心致志进食的时候才能感觉到。如果边吃边说笑、边吃边谈生意或者边吃边上网看电视,就很难感受到饱感的变化,不知不觉地饮食过量。

那么,为什么很多人从小都不曾知道七分饱的理念呢?这是因为他们从小就被父母规定食量,必须吃完才能下饭桌,从来不曾按自己的饱感来决定食量。这样,他们渐渐丧失了感受饥饱的能力,不饿也必须吃,饱了也必须吃完。因为父母通常都希望孩子多吃一些,总是多盛饭,多夹菜,使孩子以为一定要到胃里饱胀才能叫做饱,结果打下一生饮食过量的基础。

在外就餐时,食物的分量通常也都是按照胃口最大的人来设计的。很多人习惯于给多少吃多少,把食物吃完的时候,实际上也已经过量了。一些加工食品也一样,尽量把一份设计得大一些,让人们习惯于多吃。这样对商业销售有利,但是对于消费者控制体重是不利的。

所以,我们在日常生活当中,需要放慢速度,专心进餐,习惯于七分饱。吃水分大的食物可以让胃里提前感受到"满",所以有利于控制食量。比如喝八宝粥、吃汤面、吃大量少油的蔬菜、吃水果,都比较容易让饱感提前到来。吃那些需要多嚼几下才能咽下去的食物,比如全谷、蔬菜、脆水果,能让人放慢进食速度,也有利于对饱感的感受,从而有助于我们控制食量。精白细软、油多纤维少的食物则正好相反,它们会让人们进食速度加快,不知不觉就吃下很多,而饱感中枢还没来得及接收到报告,胃还没感觉到饱胀,吃下的食物能量却早就超过了身体的需要……后面能做的事情,也只有增加运动来消耗掉多余的热量了。

在含有同样热量的情况下，食物的脂肪含量越高，饱腹感就越低；而蛋白质含量较高，饱腹感就会增强。体积大的食物比较容易让人饱，看起来或者吃起来比较油腻的食物也比较容易让人饱。此外，食物的饱腹感还和其中的膳食纤维含量有密切关系，纤维高、颗粒粗、咀嚼速度慢，则食物的饱腹感增强。总的来说，低脂肪、高蛋白、高纤维的食物具有最强的饱腹感，同时它们的营养价值也最高。

进食饱腹感持续时间长的食品所引起的血糖波动较小，反之，进食饱腹感差的食物后血糖波动明显，非常不利于糖尿病患者。

研究结果证实，那些含大量油脂和糖的曲奇、丹麦面包、巧克力夹心饼、蛋糕等食物很容易让人"爱不释口"，吃了又吃，不仅当餐容易吃过量，下一餐还会有较好的胃口。泰国香米一类的籼米饭容易让人饥饿，而口感粗糙的黑米、紫米、燕麦、大麦一类全谷就容易让人感觉饱。用精白粉制作的馒头和面条并没有很强的饱腹感，红豆、黄豆、芸豆等各种豆类却是能够长期维持饱腹感的上佳选择。令人开心的是，这些高饱腹感食物恰好是具有最佳营养平衡、有利于控制各种慢性疾病和营养缺乏的食物。只要经常用它们作为三餐，就可以收到控制食欲、预防饥饿、减少下一餐食量和改善营养供应的多方面好处。

在饥不择食的时候，人们肯定没有耐心煮好一碗红豆紫米粥，而很可能转向蛋糕、饼干和薯片之类高能量低营养价值的食品。实际上，这种时候只需要按照饱腹感的原则，选择高蛋白质、低能量密度而且方便食用的产品，一样可以有效压制饥饿感。最好的低能量餐前饱腹食物是酸奶、牛奶和豆浆。它们富含营养物质，可以提供一小时以上的饱腹感，而且饮用携带十分方便。一旦饥饿感褪去，便可以心平气和地选择更健康的正餐食品，也不会难以自制地吃得过多过快。

目前我国大城市中超重和肥胖者达30%以上，还有大批高血脂、高血糖的慢性病患者需要控制自己的饮食能量。利用饱腹感的原理对日常主食进行调整，多多选用全谷、豆类和奶类，就不难搭配出饱腹感强、营养价值高、有利于降低血糖和血脂的三餐。

@ 范志红_原创营养信息

　　营养摄入充足，不意味着多吃、吃撑。需求外的蛋白质、脂肪、淀粉和糖，既增加了消化系统的压力，也增加肝肾的负担。若平日能自觉少吃几口，吃清淡些，身体自然轻松，省了排毒、断食之类的必要。

　　让人少吃而容易饱的食物有几大特点：纤维多、蛋白质多、油脂少、没有糖或低糖、水分大，含有植物胶则更好。减肥的时候，只要照着这个原则去选择食物，在同类食物中，就能选到能够吃饱而不胖的品种了。

　　科学上比较饱腹感，不是按重量，也不是按体积，是按所含热量来比。蔬菜因为水分大，热量低，所以在同样热量下比，饱腹感特别占优势；所有的豆类都是高饱腹食品；还有所有少油的绿叶蔬菜、菜花、蘑菇、海带等也是；粮食中饱感最强的品种是燕麦，和其他主食比，它蛋白质较高、纤维多、含有植物胶，而且吃的时候必须做成粥或糊食用，水分也特别大。

第五章　特殊人群的饮食

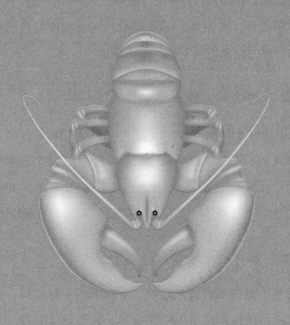

繁忙时如何保障营养供应?

很多人一说起饮食健康的问题,首先就会推说自己实在没有时间制作健康食品。我忙啊,我没工夫好好吃午饭啊,我没时间去买蔬菜水果啊……其实,即便你的工作十分繁忙,只要发自肺腑地关注自己的健康,就能给自己找到基本合理的食物。以下是几个简单的小办法。

(1)提前多烹调一些健康食物

尽管蔬菜不便反复加热,但肉类、蛋类和粗粮主食是可以在冰箱里放一两天的。你可以在晚上一次烹调两餐吃的全麦蔬菜软煎饼,或者是藕块炖排骨。这样,你就不必在次日晚归饥肠辘辘的时候用速冻饺子凑合一餐,只要把存货热一热,再花几分钟做个凉拌番茄或焯拌菠菜,就能吃到一顿舒舒服服的健康晚餐了。

(2)准备一些可以生吃或冷吃的食品

生吃或冷吃的食物准备起来较快,可以节约大量时间。凉拌菜、蘸酱菜或放少量沙拉酱的沙拉都是不错的选择。如果可能的话,早餐时喝杯鲜榨果蔬汁花不了几分钟。坚果类是很好的零食,是维生素E和矿物质的好来源,当早餐吃很方便,还能作为上午的点心。此外,酱牛肉、茶鸡蛋之类冷食品也可以作为备餐的蛋白质食品来源。

(3)提前想好午餐吃什么

许多人都不得不在外面吃午餐。由于疲劳和饥饿,人们自然而然地想吃那些马上到嘴的食物,那些高能量高油脂的食物。一进饮食店,马上会被各种食物诱惑得失去理智,结果做出错误的选择。如果在早上上班的路上就做好了决定,坚定地点自己选好的食物,往往会比较健康理性一些。比如,本来定好在快餐店吃石锅拌饭加朝鲜泡菜,就不要因为烤羊肉串的香气而改为烤肉串和水煎包。

(4)准备一些健康的"备荒食品"

在极度饥饿之前安慰胃肠,通常会让人一直保持理智的状态。健康的备荒食品其实花样很多:盒装的牛奶、豆浆、酸奶都有很好的饱腹感;坚果类、水果类、水果干、低脂的蔬菜饼干、粗粮制成的点心,都是很方便的食物,营养价值也不错;低糖黑巧克力、海苔和果冻也是可以考虑的零食。然而,也要记住一个重要的原则:如果不饿,千万不要习惯性地把零食拿出来吃。

(5)学习一点食物搭配的基本知识

要知道什么食物是你最需要的,什么食物是你应当远离的。在一餐中一定要纳入哪些关键的食物,比如尽量多的蔬菜、全谷类的食物。你也要知道可以用什么食物取代另一些食物,比如用豆制品替代肉类,用甘薯替代米饭。当然,你也需要对周围的饮食场所及其菜谱做个小小的评估,知道哪些有益于你,哪些应当远离,快餐店的食物怎样搭配才能达到营养平衡。

选一餐健康的饭菜,备一点健康零食,并不需要耗费多少精力,需要的只是你对自己真心关爱的意识。

@ 范志红_原创营养信息

如果你感觉身体特别疲劳,比如在加班、做项目、赶稿子、讲课、做实验、写材料等极其劳累脑力工作或压力很大的工作之后感到疲劳,千万别用大量高蛋白美食慰劳自己,也不要去健身房剧烈运动。先吃些容易消化的食物,再好好睡觉,休息之后再起来,精神饱满地锻炼,同时吃饱三餐就好了。

"Meal Prep"是一种健康的饮食方式吗？

Q1："Meal Prep（提前备食）"这种饮食方式从欧美传到中国，尤其是在健身一族中格外受欢迎，您如何看待这种现象？您如何定义和理解"Meal Prep"？

我没有办法去定义，因为它是从西方来的，早就有固定意义了。

（1）这种饮食方式容易受到年轻人的欢迎。因为年轻人大部分烹调能力不强，容易接受这些西方传来的简单食物制作方式，而不是熘炒煎炸炖煮的方式。

（2）结婚生子之前，单身人士每一餐都烹调，多了就会剩。这种提前准备的方式可以解决剩菜问题，又不至于在一天当中吃得太过单调。

（3）年轻人不愿意在日常买菜做饭上花费过多的时间，工作之外更愿意利用闲暇时间休闲、旅游和健身。提前准备好食物的方式能够让人们更省时地解决一日三餐。

（4）提前准备食物还可以让人们对饮食更有计划性，更容易实施提前安排好的营养食谱，避免临时对某些不健康食物产生兴趣，所以更容易被关注健康者采纳。

Q2：采用"Meal Prep"的人一般每周做一到两次饭，包括肉类、蔬菜，十分注重营养素的配比，您认可这样的方式吗？在储存食物的过程中，是否会存在一些安全隐患？应该如何规避这些风险？

只要烹调和储藏得当，每周做一到两次饭的方式并不至于带来安全风险。需要注意的是，烹调好的食物要趁热取出不翻动，分几份放在干净的保鲜盒中，及时冷藏或冷冻。在从冰箱取出来之后要注意彻底回热，再加热温度超过85℃，保证杀灭可能存在的致病微生物。虽然冷冻后二次加热可能造成一些维生素的损失，但蛋白质和矿物质不会受到影响，维生素也不至于全军覆没，虽然不及新鲜制作的食物，但只要安排合理，冷冻主食、肉类、鱼类等配合足够的新鲜蔬菜水果，仍然比吃方便面加火腿肠的方式有益健康。

Q3：在设计"Meal Prep"餐单的时候应该注重什么？

首先是考虑食物的营养平衡。主食、果蔬、鱼、肉、蛋奶、坚果等食物比例协调，不能因为某类食物更容易储藏，就更多地吃某类食物。比如因为肉类比较容易储藏，蔬菜处理和储藏相对麻烦，于是就天天吃肉，而蔬菜吃得很少，而且总是配生菜、番茄、黄瓜那么少数的几种蔬菜。然后还要考虑食物的多样化，尽量丰富一天的总食材数目，经常更换品种。比如一个月中天天吃烤鸡胸肉或天天吃金枪鱼罐头的做法，未免太过单调了。

一般来说，这种方式配合肉类、鱼类、水果比较方便，配合绿叶蔬菜则相对麻烦一些。其实绿叶菜摄入量过少，也正是欧美国家膳食中的主要问题之一。不妨考虑绿叶菜蒸熟（3 ~ 5分钟）或焯熟（1 ~ 2分钟），冷藏一天，次日取出添加生抽、醋、香油等调味品拌食。两天做一次，也不算很麻烦。

Q4：您本人会考虑成为一名"Meal Prep"的使用者吗？理由？

我本人不会完全使用这种方法，还是尽量烹调更加多样化的新鲜食物。但对于杂粮粥、杂粮饭、肉类、鱼类等一次烹调体积比较大，当时吃不完的食物，我也经常会一次烹调后马上分成几份冷藏或冷冻，在以后的两三天中食用。头天晚上烹调蔬菜，也常常会分一半提前放进干净的盒子里，第二天早上加热再吃。

有提前烹调好的食物，再加上当餐烹调的新鲜蔬菜，饮食就会更加丰富多彩，而且很省时间。

Q5：健身圈流行一句话叫"三分靠练，七分靠吃"，您认可这种说法吗？理由是什么？

我认为练和吃都很重要，哪一项做得差，哪一项就是更重要的。比如说，练得很勤奋，但饮食完全不控制，高热量、高糖、高脂肪的食物随便吃，就很难达到减脂目标。又比如说，食物营养不足，蛋白质、维生素和微量元素根本不够，健身时就会体力低落，疲劳难以恢复，增肌效果不好，甚至可能会伤身体。有些女生节食过度，饿着肚子健身，结果是增肌没有做好，却发生月经紊乱甚至闭经的不良结果。所以说，健身是在营养充足基础上的健身；而膳食安排也要充分考虑健身产生的额外营养需求，比如更充足的B族维生素、更多的蛋白质，以及更多的钾、钙元素等。

压力太大怎么吃

都说工作辛苦会让人瘦，如今很多人却是越忙越肥。一位美女沮丧地说，头脑累得发昏，眼睛熬得跟熊猫一样，腰围却也像熊猫一样日益加粗！是压力和肥胖之间有什么阴谋协议，还是自己真的吃错了？

虽然是随口一说，不想却正中靶心——这两句话，碰巧都说对了。

有研究发现，精神压力大的确会令人发胖。

在远古，压力主要来自于觅食和求生。比如说，被野兽追赶时，人们只有两种选择：搏斗或逃跑，两者都会极大地耗费体能。为了供应求生所必需的能量，身体会释放出肾上腺素，升高血压，提高血糖，为肌肉运动做好准备。跑过了，搏过了，血糖被消耗掉了，自然就降下来了。所以，肾上腺素本身并不会令人发胖，它只是身体准备高强度运动的一种状态。心情紧张的时候，只要做做运动就能让身体放松下来，也正是出于这个古老的机制。

可惜，现代人的压力都是慢性精神压力，而且与肌肉运动几乎无关。在血糖、血压升高之后，坐在办公室里却无处消耗这些集中在血液中的能量。这样一天到晚处于高血糖状态，就会提高胰岛素的产生量，而胰岛素降低血糖的作用机制是促进脂肪合成，抑制脂肪分解，结果自然是容易发胖。

还有研究证明，睡眠不足、情绪不安，都容易造成食欲控制的紊乱。睡眠不足时，人们对饱饿的敏感度会下降，很难控制食量；而情绪不安时，甜味的食品能带来暂时的安慰，会让人们更加向往甜食。特别是女性，很大比例的女性都有"情感进食"倾向，一旦心情烦闷、沮丧、痛苦，就会大吃高脂肪、高能量的甜食点心或零食。不过，吃过之后，暂时性的安慰很快就会过去，身体重新回归痛苦，于是就会恶性循环。不用说，这些都是肥胖的隐患。

另一方面，主动选择错误食品，也是压力与肥胖相联系的重要原因。

一旦工作辛苦，人们就喜欢慰劳自己。动脑子多嘛，听说鱼比较补脑，就主动给自己点条红烧鱼；听说需要优质蛋白，就给自己来盘烤牛排。晚上加班或熬夜，就有理由吃炸薯片和酥脆饼干；情绪低落，更有理由给自己买块奶酪蛋糕……

其实，这些食物与其说能提高工作效率，还不如说是在给大脑找麻烦。

因为无论工作怎样繁忙，每天也就需要60克左右的蛋白质、一两肉或鱼、一个蛋一杯奶，加上6两主食和一斤蔬菜就已经足够了，过多的蛋白质是给自己添乱。

人体在精神压力巨大的时候，植物性神经的功能受到压抑，分配到消化道的血液不足，消化吸收功能就会明显受到影响。很多消化功能本来就比较差的人，更是只有在全心全意、轻松愉快的时候才能充分消化吸收。如果休息不足，睡眠不佳，还会妨碍消化道细胞的更新和修复，容易造成"食物不耐受"，其常见症状之一就是莫名其妙地发胖。

在各种食物中，最难以消化的就是高蛋白、高脂肪的食品。蛋白质类的食物需要较多的胃酸和蛋白酶，氨基酸被吸收之后的后期处理也最复杂，所以吃高蛋白食物给胃和肝脏带来的压力都比较大，而脂肪多的食物排空慢，还需要较多的胆汁辅助。

除了高蛋白、高脂肪的食品，压力大、头脑疲惫时，人们往往会想到补脑食品。有说核桃补脑的，也有说鱼油健脑的，这些说法都没什么实际意义，因为核桃、鱼油中含有的 ω-3脂肪酸虽然为大脑细胞的发育所需要，但大脑细胞在童年时就已经发育完成，细胞终生不再增殖。

补充大脑活动所需的营养成分，以水溶性维生素和磷脂最为重要。磷脂是与记忆有关的神经递质乙酰胆碱的合成原料，在蛋黄、大豆中最为丰富。维生素中最要紧的是维生素B_1，因为它在人体内的储存量最小，几天摄入不足就可能对工作效率产生影响。其他如脂溶性维生素和微量元素都不是几天内能看出效果差异的营养素。因此，适当吃些粗粮、薯类、豆类来补充B族维生素是有必要的。另一方面，这些主食的血糖反应比较低，属于"慢消化碳水化合物"，有利于长时间维持精力、保持情绪稳定，从而保证学习工作的效率。

其他有利于稳定情绪的营养素是矿物质。减少钠的摄入，增加钾、钙、镁的摄入量，有利于保持情绪沉稳平和。多吃蔬菜和水果最有帮助，特别是富含镁的各种深绿色叶菜和富含钙的酸奶，对抵抗压力最为有益。加工食品要尽量避免食用过多，因为其中的香精、色素、磷酸盐等成分可能对情绪造成不良影响。

在需要长时间集中精力时，除了调整食物品种，还可以减少正餐食量，两餐之间适当加餐。欧美国家有吃上午茶和下午茶的习惯，正是为了在餐后3小时血糖下降、精力不足的时候适当"充电"，以提高工作效率。

说到这里就能明白，干了一天体力活儿，用大鱼大肉慰劳自己还是可以的；干了一天脑力活儿，饭后还要继续干下去，又要防止肥胖，就不能多吃油腻厚味、给消化系统带来沉重负担的食物，也要减少白米白面比例，更要远离各种甜食。否则，脑子没补成，倒是把肚子上的肥肉给补足了。

而选择低脂肪、高纤维、清淡简单的食物，能尽量降低消化系统对人体精力和能量的消耗，才能保证饭后不至于昏昏欲睡，脑力效率下降，从而使精力充沛、思维敏捷、腰身苗条。

总结以上理由，给出压力大的情况下的几个饮食建议：

（1）饮食量以七分饱为好，鱼肉供应量低于或相当于平日的水平，宜有蛋类和豆制品；

（2）烹调方法宜清淡，不用煎炸烧烤，烹调油应适当减少；

（3）增加蔬菜供应量，特别是各种绿叶蔬菜，但宜少用产气蔬菜如西蓝花、洋葱、牛蒡等；

（4）主食宜增加粗粮、薯类和豆类的比例，保持血糖稳定，如果平日不吃豆类，豆类不宜吃太多，避免产气；

（5）午餐、晚餐只吃七分饱，避免影响饭后的工作学习，两餐间宜有少量加餐；

（6）尽量少吃各种甜食、甜饮料和含香精、色素的加工食品；

（7）严格预防食物过敏和食物中毒，不吃来源可疑和以前没吃过的食物；

（8）如果食欲不振或消化功能下降，宜服用助消化药物和复合维生素。

病弱者

病人该喝什么粥?

现在很多人认为手术后的病人需要补充营养，因此在家中熬粥的时候也熬得烂烂稠稠的，觉得这样一来有利于病人消化，二来营养价值丰富。很多人都关心这三个问题，1.白米粥究竟应该怎么熬最有营养? 2.老人、婴幼儿、术后病人及糖尿病患者应该怎样吃粥? 3.用什么米熬粥营养是最好的呢?

我跟大连中心医院营养科主任王兴国教授曾经有过一段谈话。王老师感慨地说，住院的很多病人，与其说是死于疾病本身，还不如说是死于营养不良造成的衰竭。非常奇怪，病人一入院，就自觉地放弃正常饮食，只依赖于两种食品——白粥和骨头汤。遗憾的是，这两种食品，实在不能供应病人的营养需求。

"病人必须喝白粥"是哪里来的规矩? 我想来想去，大概还是来源于古人对喝粥好处的歌颂吧。顺带说一下，8年前，我曾经查了很多古代谈粥的资料，写了一篇6000多字的文章《粥在中国饮食中的保健意义》(发表在《中国餐饮20年文集》)，发现从古代开始，中国人就把粥当成病弱者的食物，以及长期饥饿之后的恢复饮食。还有人坚信，喝粥表面上的那层浓汤，"能令人百日肥白"。

我体会，古人赞美喝粥，其中有几层意思，一是粥是穷人的救命食物，在粮食少到干饭不够吃的时候，煮粥可以用较少的粮食来维持生命；二是有知识的人和僧、道中人喝粥，和富贵者大鱼大肉的生活相比，有清雅、脱俗的感觉；三是对病弱者来说，粥容易消化，给消化系带来的负担最小，也不容易引起过敏或不良反应等麻烦。

不过，还有几个问题要讨论，1.什么米熬粥好？古人所说的粥，是我们现在所吃的白米粥吗？ 2.所谓病人喝粥养生，是除了粥不吃其他食物吗？3.古人要养的病，是我们现在广泛流行的慢性病吗？是现在的手术后病人康复所需要的营养状态吗？ 4.粥是熬得越烂越有营养吗？

我们来一个一个地回答这些问题。

首先，古代并没有现代的电动碾米机，他们所吃的大米，若不是糙米，就是精度比较低的白米，和现在所说的精白米完全不是一种状态。

即便在30年前，国人也都是吃标准米，就是"92米"；而现在的米，差不多是"70米"，也就是外层30%都被去掉的米，其维生素和矿物质的含量通常只有糙米的1/4 ~ 1/3，营养价值与"92米"不可同日而语。传说"令人百日肥白"的米汤，也是那种糙米或轻度碾磨后的米煮出来的粥汤。与现在的精白米汤相比，它的维生素和矿物质含量的确要高很多。

同时，所谓的粥，也不排除其他的粮食种类，比如小米粥。小米的维生素B_1和铁元素含量，根据《中国食物成分表》（第二册）的数据，分别是我们现在所吃特级粳米（以著名的小站稻米为例）的8倍和5倍。燕麦呢？维生素B_1和铁元素的含量是这种白米的14倍。价格高昂的香米怎么样？香米中这两种营养素的含量竟比小站稻米更低。

所以，首先可以这么说，如果要用大米来熬粥，那么糙米比精白米好；如果可以接受其他粮食，那么加入小米、燕麦等其他杂粮，粥的营养价值将会大大提升。

第二，喝粥养生，能不能供应人体所有的营养素？答案是否定的。

刚才已经看到，只喝白米粥，营养价值是非常有限的，远远不足以供应人体一天所需的营养素。如果每天所需的300克粮食都从精白大米粥中摄入，其他东西又不吃，就算煮粥没有造成营养素的损失，那么维生素B_1摄入量也只达到轻体力活动成年女性一日所需的10%，铁只有4.5%，蛋白质是31%，维生素C和维生素A则是0。也就是说，假如住院病人每天只喝粥，不吃其他食物，他所得到的营养素实在是少得可怜，连维持正常的身体健康水平都远远达不到，又怎么能够支撑疾病的康复呢？

所以，用粥作为主食养生的前提是必须吃够粥以外的其他食物，把一日所需的营养素完全补足。喝大骨头汤怎样呢？很遗憾，它主要成分是脂肪，蛋白质是严重不足的，维生素和矿物质也远远不够。假如只能吃流食的话，除了糙米粥、小米粥之外，再配合牛奶、豆浆、酸奶、豆浆机打的芝麻燕麦米糊等，要比单喝大米粥加大骨头汤靠谱很多。

第三，古人喝粥养生，一是为了减少能量（热量、卡路里）摄入，避免肥胖，二是为了帮助消化，有利于减轻胃肠负担。胃病患者和做了胃部手术的人用粥替代干饭，确实比较容易消化。问题是，目前很大比例的现代人患有高血脂、糖尿病，他们是否还适宜喝白米粥呢？事实上，糖尿病人是不适合喝白米粥的，高血脂病人也未必适合。因为白米粥容易消化，它的餐后血糖反应非常高。而血糖反应高的食物，对于甘油三酯的升高也有促进作用。

因此，我不支持"三高"患者和肥胖者经常用白米粥代替米饭，除非能够保证有效削减一日总能量，并配合足够的蔬菜和富含蛋白质的食品，以保证降低血糖反应。

但各种杂粮粥并不在此列。实验证明，加入一半以上的淀粉豆类（芸豆、红小豆、绿豆、干扁豆等）之后，粥的餐后血糖反应水平就会大大下降，明显低于白米饭、白馒头。因此，推荐糖尿病、高血脂患者晚餐喝粥，但必须加入足够的豆类，并配合燕麦、大麦、糙米等血糖反应较低的食材。有研究证明，和精白主食相比，淀粉豆类的饱腹感较高，对于控制一日总食量可能有好的作用。

第四，首先必须明确一个概念，粥就是软烂的。袁枚说："见水不见米，非粥也；见米不见水，非粥也。必使水米融洽，柔腻如一，而后谓之为粥。"也就是说，米和水分离，米为粒状，需要嚼烂才能咽下去，就不叫粥，而叫泡饭。粥和泡饭，一个养胃，一个伤胃。

不过，煮烂只意味着容易消化吸收，并不意味着营养价值越高。煮得时间足够长，只能增加维生素 B_1 的损失，而不可能凭空"产生"新的营养成分。在已经软烂之后，再继续煮下去，显然是不可能有什么额外的好处的。

说到这里，总结一下有关食粥的几个结论和建议：

（1）粥比泡饭好消化，但煮到"水米融洽"的软烂状态之后还继续煮下去，并无额外好处；

（2）白米粥虽然好消化，能减轻消化系统负担，但营养价值并不高。大米粥无法满足病人的营养需求，不能促进康复，必须配合其他多种食品；

（3）把精白米熬的大米粥换成糙米粥、紫米粥，或者加入各种杂粮，可以大大提高粥的营养价值；

（4）糖尿病人不适合喝白米粥，因为血糖反应太高，建议用淀粉豆类和各种杂粮混合煮粥，可以在降低血糖反应的同时，维持较强的饱腹感，有利于控制体重和血脂。

消化功能差的人怎样加强营养？

最近有位朋友问我，家人做了手术，切除了一半的胃，现在消化功能特别弱，怎么养胃？

也有人问，妈妈严重胃病，吃什么都堵在那里，现在脸色发黄，人越来越瘦，怎么能让她脸色好起来？

还有人问，奶奶做了手术，医生嘱咐加强营养，但她牙齿都坏了，吃什么都嚼不动，很多食物不肯吃，怎么解决？

首先要声明，我不研究临床营养，不能给大家推荐"肠内营养制剂"之类的产品，最好去医院营养科寻求营养治疗。不过，即便问了营养医生，用了相关产品，回家之后也需要日常饮食养护。有关这方面，我给大家提几个建议，如能做到，对家人的康复会有很大帮助。

牙齿是咀嚼食物的工具，胃是容纳食物、帮助消化的器官。如果它们的能力太弱了，吃的东西的数量和种类就会受到很大的限制。食物少了，营养素就会摄入不足；食物消化能力弱了，食物中的营养就不能充分被身体所利用。没有营养素的充足供应，身体就像干柴不足的炉灶一样，生命之火就逐渐微弱，甚至熄灭。所以，牙齿不好，胃功能下降，往往导致营养不良，而营养不良又导致瘦弱、体能下降、抵抗力下降，严重时甚至全身各器官都走向衰竭。

就我个人知识所及，提出以下5项建议。

1. 保证食物摄入量，保证主食充足

胃做了手术不能多吃，或者消化能力太差吃不下饭，也绝不要顿顿只喝米汤白粥，不要拒绝其他主食食材。

一个增加食物摄入的简单方式，是去超市买一个台豆浆机，用各种五谷杂粮加水，加鸡汤、肉汤（注意，不是油腻的棒骨汤，是去掉浮油的肉汤和鸡汤）更好，用杂粮糊功能，一起打成糊状，然后喝下去。或者直接买一个打浆机，把杂粮煮熟，和鸡汤、肉汤一起打浆，温热后喝。

精白米的营养价值太低，建议用小米、大黄米、糙米、山药、莲子等混合煮熟后打糊，营养价值会高得多。

对不能正常进食的病人来说，糊状食物虽然好消化，但是其中的"干货"太少，每天三餐各喝1碗糊状食物是远远不够的。建议一天吃六七次糊状食物，能喝多少喝多少。

等到消化能力增强之后，就逐渐增加柔软的固体食物，比如发糕、面包、馒头等，直到能够正常进餐。

2. 保证蛋白质充足。每天有蛋奶，逐渐加鱼肉

手术后的人要恢复，生病的人要康复，蛋白质供应绝对必不可少。

首先，建议每天喝酸奶，酸奶几乎是动物性蛋白质中最好消化的品种了。酸奶可以自制，也可以外购。胃功能差的时候，可以把凉的酸奶用温水温到体温再喝，这样胃的感觉就会更加舒服。请注意，只能用原味酸奶，不能用那种加了很多糖和香精的乳饮料（请细看包装上的产品类别，必须是"发酵乳"，看遍包装前后左右都不能有"饮料"二字）。

此外，尽量补充鱼肉蛋，只要没有过敏问题都可以吃。为了减轻胃的工作负担，不妨像对待小婴儿那样，用蛋花汤、蛋羹、蛋黄泥等容易消化的蛋类烹调方法。鱼肉类全部去骨去刺，剁碎成泥再吃。每周吃一次鸡肝鸭肝之类，煮熟炖熟后剁成泥，可以补充维生素A，它对胃黏膜的修复很重要。

3. 新鲜蔬菜不能少

没有新鲜蔬菜，维生素会严重不足，也会影响病人身体的修复。民间认为蔬果属凉性食物，胃功能不好的人不能吃。但缺乏维生素C不仅影响铁的吸收，而且会导致坏血病等营养缺乏病。

其实很多病人不吃蔬菜的原因是蔬菜咀嚼起来太累，或质地太硬嚼不烂，或塞牙不好处理。简单的解决方法是在沸水里加一勺香油，把各种新鲜绿叶菜焯煮两分钟，变软后捞出来，然后再用打浆机打成糊状。胡萝卜、南瓜、茄子之类直接蒸到软，然后压成糊糊吃，也可以加点香油和少量鸡精调味。

谷氨酸可以作为肠道能量来源，对胃肠不适食欲不振的人来说，味精和鸡精可以少量食用。

记得每天都要吃至少6两的蔬菜，蔬菜中的有益成分有助于预防胃黏膜癌变，这对患有胃癌、萎缩性胃炎等病的患者尤其重要。同时，蔬菜中的膳食纤维对维持肠道正常工作也很重要。

水果可以蒸熟或榨成汁吃。水果罐头如果能吃也可以吃点，虽然不及新鲜水果，但也比不吃好。

4. 不要吃低营养价值的零食饮料、油炸熏烤视食品和自制腌菜

胃肠功能很差的人千万不要吃饼干薯片等食品！不要喝甜饮料！油炸熏烤食物含微量致癌物，病人绝对不要吃！

为什么这些病人要特别注意食物营养质量？因为他们的胃肠容量非常有限，一定要优先供应营养好的食物。否则吃进去的食物质量都很低，病人所能得到的营养素就更少，无法用食物来修复身体，长期而言无异于慢性毒害。所有食物必须是新鲜、天然状态，烹调温度要低于冒油烟的温度——除了供应营养之外，还要尽量少给虚弱的身体增加解毒负担。

此外，一定要高度重视食品卫生。千万不要吃家庭自制的各种咸菜和放了超过半天的凉拌菜，它们当中很可能含有较多的细菌和亚硝酸盐！胃功能弱的人往往胃酸不足，杀菌能力特别差，甚至37℃的胃就像一个细菌培养箱。正常人不会出问题的食物，他们也可能会发生细菌性食物中毒。所以，如果吃不是当餐做的食物，一定要加热沸腾，彻底杀菌再吃！如果很喜欢吃酸味的食物，质量可靠的泡菜和酸菜（发酵20天以上）可以少量用一点。因为它们质地比较硬，要充分剁碎再吃。

5. 适当使用营养素补充剂和助消化药物

在患病的特殊情况下，食物摄入量少，营养素需求大，适当做一些营养补充是明智的。可以咨询营养医生或营养师，使用维生素和矿物质增补剂，以及助消化药物、益生菌等。乳清蛋白粉等也可以少量用，混合在粥、糊

里面吃就行。

实际上，重大疾病后的康复，很大程度上在于营养支持。吃得合理，营养跟上了，病愈之后可能比从前还健康；如果吃不好，病后身体就会日益虚弱，甚至寿命不久。要想方设法通过各种烹调加工方法，把该吃的食物吃进去。如果牙齿有问题，要及时去治疗。现在牙科技艺已经十分高超，牙松、牙掉的老人也可以通过牙齿修复和种牙来解决日常咀嚼问题。遗憾的是，很多患者的家人难以严格执行这些建议，甚至因为各种传言而不当忌口，真的非常遗憾。

此外要嘱咐的是，密切注意病人对食物的反应。如果吃了之后有胃肠不舒服的感觉，或有其他不良反应，要及时调换品种，或者调整烹调方法。随着消化能力的提高，身体能力的加强，一定要逐渐增加食量，增加固体食物的比例，逐渐过渡到正常饮食。其实，这些基本的措施和原则，对日常消化能力差的人也一样是适用的，只是不需要吃那么大比例的糊糊而已。

重要的事情再说一遍：人体是靠食物中的营养来建设的，也是靠这些营养来修复的。长期营养不足是自毁长城！

体虚应当怎么吃？

一位白领女士问，我脸色发黄，身体怕冷，经常感觉疲劳，上楼都嫌累。胃肠也不好，总是胃堵腹胀，吃什么都消化不了。家人说我气虚血虚还有脾虚！最近检查身体，才发现我有中度的缺铁性贫血，血红蛋白只有80克/升。我该怎么办呢？多吃点什么东西好？

我回答，你现在得到的第一个经验是：不要笼统地说自己这个虚那个虚，要弄明白到底是什么问题，才能有效地解决它。像你这种情况，先要弄清楚到底是因为什么原因贫血。是多年贫血，还是最近这一两年甚至更短时间才开始贫血呢？

女士说，就最近一年多才这样严重的。以前确实消化不太好，身体也偏弱，有点怕冷，但没有这么严重。家人总是说我气血虚，但我吃了好多阿胶大枣也没有明显改善，为什么啊？

我说，我国传统养生理论认为阿胶补血，但它显然不是针对缺铁性贫血的特效食物。而且，它需要有较好的消化能力，而你的消化比较差，吃它没有帮助是可以理解的。枣也一样，不是有效解决缺铁性贫血的食物。吃没有煮过的干枣，对消化比较差的人来说，也会增加消化系统的负担。你吃阿胶枣，又甜腻，又难消化，既不能补充血红素铁，又不能补充蛋白质，对血红蛋白的合成促进作用很小，自然不会得到好的效果。

其实，消化吸收不良本身，就会让你和别人吃同样的东西却得不到足够的营养。尤其是微量元素的利用率，和人体消化能力关系非常大。比如说，胃酸不足和肠道有炎症的人，植物性食品中的铁就难以充分吸收利用，身体对蛋白质、叶酸和维生素B_{12}的利用率也可能下降，这样就容易造成营养不良。

我会营养不良吗？女士很困惑地问，可是我人并不瘦啊，我体重指数都23了！我觉得自己肚子上这么多肥肉，怎么可能是营养不良呢。

我说：贫血与否，和体重多少根本没什么关系。胖且贫血的人太多了。特别是节食减肥后反弹的人，这种情况更普遍。因为你消化不好又贫血，代谢率肯定会下降，这样的状态，即便吃得不多，人也瘦不下去。营养供应很充足很全面的人反倒不容易发胖。

原来是这样。怪不得……原来体质差都是我当年节食减肥的恶果……女士喃喃地说。

我叹了口气继续问，为什么你最近这一年身体状态变差这么多呢？肯定不会是无缘无故的吧。

女士点点头说，的确如此。最近这一年我升了职，工作压力一下就大了，操的心也多了。部门工作业绩不好时，情绪一紧张，消化就更差了，睡眠质量也下降。尤其是刚吃饭之后，一想到工作，马上就觉得胃里发堵，消化不良。后来就越来越严重，什么牛肉啊、排骨啊、虾啊，都消化不了，喝牛奶胀气，吃杏仁花生之类的坚果感觉太硬，吃煮鸡蛋的蛋清都觉得难消化。

后来，我就早上吃柔软的面包抹上沙拉酱和番茄沙司；晚上吃白粥配煮烂的蔬菜，还觉得比较舒服一点。中午在单位吃没办法，就吃点面食和蔬菜。其实吃蔬菜也觉得不好消化，但考虑到便便不太顺畅，勉强嚼了咽下去，胃里还挺不舒服的。

听完就明白了。她本来体弱消化差，又因为工作压力大过度疲劳加剧了消化不良，结果很多富含蛋白质和微量元素的食物都很少吃，又造成贫血和营养不良，营养不良和贫血反过来又加剧了消化不良和身体疲劳。这简直是一个恶性循环，她已经无力挣脱了。

我对她的建议是，遵从医生的建议，吃补铁的药物，积极治疗缺铁性贫血。不过，药物的选择要和医生好好商量，尽量选择对胃肠影响小的品种，而且避免空腹服药、造成反胃。还要去看消化内科的医生，开助消化药物，会非常有帮助。同时，日常膳食中的饮食调整也非常重要，必须大幅度增加富含蛋白质和铁的食物，每餐都吃些肉末、肝泥之类食物。

女士问，蔬菜水果能吃吗？吃了真的挺难消化，还怕凉。

我说，蔬菜水果当然要吃，只是可以煮熟煮软吃。维生素C能促进非血红素铁的吸收。当然，你可能会想，煮熟了维生素C就会损失掉。但即便损失一部分，也比不吃好。每餐吃饭的时候同时服用1粒维生素C片，就能补回来了。

她又想起一个问题，对了，我查出缺铁性贫血问题之后，家里人说要把不沾锅给扔了，给我买了个铁锅，说用它烹调能够补铁，这真的有用吗？

其实这个问题我已经回答过很多次了。有缺铁性贫血问题的人士不要为了补铁而专门买个铁锅来炒菜，因为铁锅中的铁是很难被人利用的，用油炒菜的时候，铁很难溶解出来。至今没有任何医学证据能说明铁锅可以解决贫血问题。不如增加红肉摄入量。你现在需要解决的是贫血问题，不是脂肪增加的问题。用不粘锅烹调可以少用油，而铁锅烹调肯定会增加炒菜用油量，这样对你没有多少帮助。

最后，她问了一个我预料之中的问题，可是，让我每天吃肉，还吃助消化药，会不会发胖呢？

先不要考虑什么体重体型的问题，把贫血、营养不良和消化不良解决了再说。到那时候，自然身体就会变得紧实，脸色也会好起来。等身体有了活力之后，再开始锻炼，体型就会逐渐改善啦！

 范志红_原创营养信息

我国绝大多数男性无须补铁，但很多人大量食用红肉；女性铁需求量高于男性，贫血者众，却因追求骨感而拒绝动物性食品，这是明显的错位。

男人正常情况下没必要经常吃血豆腐，因为男人不像女人那样每月损失月经血，贫血率很低，也不缺蛋白质，体内铁含量太高不利于健康。相比而言吃豆腐替代部分肉类对男人更有利，对预防心脏病和前列腺癌均有帮助。贫血的男人们，别总想着吃什么食品补血的问题，及时就医检查，消除原发疾病最要紧！

吃坏肚子后怎么办?

夏季和秋初是最容易发生腹泻的季节，特别是孩子、老人和消化吸收能力较弱的人，更容易发生细菌性食物中毒。因为天热的时候，人体胃肠道消化能力下降，抵抗力也随之下降，而细菌繁殖速度惊人，人们吃了没有充分加热杀菌的食材或者没有热透的剩饭剩菜，很容易中招拉肚子。

很多中国人认为闹肚子不是什么事儿，其实这才是货真价实的食品安全事件呢。别看致病菌们是"纯天然"的微生物，它们害人没商量。上吐下泻、腹部绞痛和虚弱发烧是常见的情况。少则一天，多则两三天没法正常吃饭，严重时肚子痛得死去活来。

当然，这也并不是说拉肚子一定是细菌性食物中毒。在着急的同时，一定要弄清到底是什么原因导致了腹泻。比如说，有时候是因为中暑不适，有时候是因为消化不良、食物不耐受和食物慢性过敏，有时候是因为胃肠型感冒，有时候是因为病毒性腹泻、细菌性胃肠炎、痢疾、食物中毒，还有炎症性肠病，等等。如果情况严重或者长期腹泻，一定要去看病求医，弄清原因，才好采取相应措施治疗。

这里不说药物治疗，只说一般性的细菌性食物中毒以及肠道感染，在饮食方面的对应措施。

如果发生了肠道感染，在严重腹泻的时候，需要暂时禁食，让肠道得到充分休息。这时候如果在医院治疗，医生通常会用静脉输液，或少量多次地让你喝葡萄糖+补液盐溶液，避免严重脱水和电解质紊乱。回家之后，如果能喝下去液体，就先从清淡流食和半流食开始，比如较浓米汤、小米粥汤、煮得很烂的面条汤等，可以加一点点盐，做成淡咸味，以补充钠。

一般来说，不用等到腹泻完全停止，只要肚子不太疼痛，胃里能接受食物的时候，就可以开始进食了。早点进食，是为了弥补腹泻造成的水、电解质和其他营养成分的丢失，给虚弱的身体补充能量，争取早日恢复健康。

不过，这时候还不能吃正常的三餐，应当吃一些容易消化的食物，减小还没有修复炎症损伤的胃肠道的负担。最好吃"低脂肪、少渣半流食"，也就是水分大，看起来比较稀的食物，质地非常柔软，没有渣子，脂肪很少或没有脂肪，以淀粉为主，含少量蛋白质。这样的食物不会刺激肠道，也特别容易消化吸收。比如稀的大米粥、小米粥、面条很软的蛋花汤面、山药莲子糊、藕粉羹等。醪糟之类发酵食品也特别好消化，可以在加热挥发掉酒精并稀释到淡甜程度后食用，但千万不要放糯米圆子，这时候的消化能力还不能接受黏性的糯米食物，也不要放白糖。

从烹调方法来说，这时候一定要吃蒸煮的食物，油炒、油煎的烹调方式都不合适，油炸食物更要禁止。在恢复期间，除了蒸煮之外，还可以考虑炖、汆等烹调方法。在调味方面，宜避免各种刺激性调味品，比如辣椒、芥末、黑胡椒之类。炖煮时可以用少量温和的香辛料，比如小茴香、大茴香、肉桂等。食物可以加盐调到淡咸味，两岁以下的幼儿不能食用味精，但成年人可以食用味精，因为味精中的谷氨酸盐有利于肠道的修复。

腹泻期间不能生吃水果蔬菜，因为此时纤维比较硬，食物有渣子，对正在发炎的肠道会产生刺激作用。如果要补充水果和蔬菜，最好用榨汁、打浆的方法，而且要把滤去残渣。在疾病恢复期间，可以把南瓜、胡萝卜、绿叶菜之类蒸软、煮软之后食用，根据肠道的接受情况，从少到多，逐渐加量。

在能吃粥食之后，可以逐渐添加一些补充蛋白质的食物，比如很嫩的蒸蛋羹，暖到室温的酸奶，然后再慢慢添加鱼肉糜和鸡肉糜等。酸奶中所含活乳酸菌和乳酸本身，对腹泻的恢复都是有好处的。有研究证明，含大量活双歧杆菌的酸奶对幼儿的轮状病毒导致的腹泻，以及成年人的肠炎腹泻，都有促进恢复的作用。

在腹泻期间，一些平日可以吃的食物暂时必须禁食。

——腹泻恢复期不要喝牛奶。牛奶中含有乳糖。消化乳糖靠小肠黏膜刷状缘上的细胞所分泌的乳糖酶，而在肠道发炎的时候，这层细胞受到破坏，于是身体暂时性地无法分泌乳糖酶。没有了乳糖酶，乳糖得不到分解就会刺激肠道，加重脱水、腹泻等症状，并引起大肠胀气，不利于康复。酸奶则不在限制之列，因为酸奶中的乳糖已经被乳酸菌所利用，同时乳酸菌还可以提供乳糖酶。

——腹泻恢复期不要喝豆浆。豆浆中所含的低聚糖物质会促进肠道蠕动，对腹泻患者不合适。同时，豆浆中还含有少量的胰蛋白酶抑制剂、皂甙、植酸等抗营养成分，它们对于消化吸收功能有抑制作用，皂甙对胃肠也有刺激作用。在胃肠道正常时，这点量不足为虑，但在肠道感染状态下，有可能会对这些抗营养物质更为敏感。

——腹泻恢复期不要吃甜食。甜食制作中加了大量白糖（蔗糖），而蔗糖也需要在小肠当中进行消化，分解成葡萄糖和果糖两种物质才能被人体吸收。在肠道发炎状态下，消化蔗糖的"蔗糖酶"制造也会发生障碍，于是大量不能消化的蔗糖在肠道会造成脱水，就像乳糖一样，在大肠中由于肠道细菌的作用还会产气，造成腹泻、腹胀等不良反应。至于冰激凌、雪糕之类含较多糖和脂肪的冷饮，更应禁止食用。

——腹泻恢复期不要吃高脂肪的食物，比如脂肪含量高的各种蛋糕、曲奇、派、油酥饼、油条。饱和脂肪含量高的香肠、培根、火腿、奶酪、烤串之类更需禁止。它们会给胃肠道带来负担，同时加工肉制品中所含的亚硝胺类致癌物质和其他氧化产物对受损的消化道也是不利的。

——腹泻恢复期不要吃高纤维的食物，比如芝麻、各种坚果、黄豆、黑豆等，还有带有细小种子能有效促进肠道蠕动的草莓、桑葚、猕猴桃、火龙果之类水果，也应待基本康复后再吃。

此外，腹泻恢复期还要避免吃各种市售零食，特别是路边摊上的零食，它们的卫生条件得不到保证。大部分超市零食所含脂肪、糖分过高，均可能给消化道带来负担。如果孩子发生腹泻，父母应当把患病当成一个机会，教育孩子要合理膳食，注意营养，讲究卫生。

吃得"特别素"也许更容易得"三高"？

经常会有女性朋友问这样的问题，我想减肥还能吃肉吗？她天天吃肉为什么血脂一点不高？我基本上吃素为什么血脂还是这么高，人还是这么胖？

其实这些问题都无法回答。因为让人发胖和患"三高"的并不是某一种或某一类食品，比如肉类、蛋类、奶类等，而是一个错误的饮食生活习惯，一个总体平衡。如果吃进去的热量虽然不算太多，但消耗实在太少，照样是容易胖的。当然，在很多情况下，如果吃的食物比例不合理，这个平衡就更容易向发胖一方倾斜。比如说，鱼肉蛋奶都不肯吃，未必是个健康的饮食策略，弄不好更容易产生肥胖和"三高"的烦恼。

为什么呢？一位女士非常困惑地问。

我回答说，你去僧院尼庵去看过吧，认真观察一下就会发现，同样的年龄，出家人发胖的比例并不比不吃素的普通人更低，糖尿病高血压脂肪肝的流行情况甚至比俗家人士有过之而无不及。

她仔细想了想，点了点头：还真是！上次去寺庙，我和一个师傅聊了天，说庵里患糖尿病和高血脂的人挺多，患高血压的也不少，但这又是为什么呢？

人每天三餐都要吃东西，每一类食物都会占据一定比例，包括主食、鱼肉、蛋奶、蔬菜、水果、坚果等。肉不吃，这一份省略了，总要用其他食物来填补吧？比如说，不吃肉的人大多需要增加鸡蛋、奶类、坚果、豆制品的摄入量，以替代肉类供应蛋白质，保持营养平衡，未必就比吃肉的时候摄入的热量少。炒鸡蛋、奶酪、炸豆腐泡、花生瓜子之类的食物脂肪含量也是很高的啊，数量多了当然也容易摄入过多热量。

她问，如果我连鸡蛋、牛奶、坚果之类的东西也不吃呢？

我说，如果这些都不吃，至少还会吃各种主食，比如米饭馒头、面条烙饼、各种面点，还可能会吃饼干、米饼、薯片、锅巴、萨其马、甜饮料，这些蛋白质含量很低的东西也都是素食啊！难道这些食物没有让人发胖的可能吗？我可以负责任地告诉你，精白淀粉和甜食，就升高甘油三酯的能力而言，比鸡蛋、牛奶、瘦肉、鱼类只大不小。

为什么那些寺庙里的师傅有那么多肥胖的人和"三高"患者呢？因为他们鱼肉蛋奶都不吃，大蒜花椒又不能放，口味上就只能靠油、盐、糖这些东西来"找补"了。吃的精白主食多——它们是快速升血糖血脂的；蔬菜烹调放的油盐又多——多油促进增肥，而多盐促进高血压的发生，再加上各种甜食饼干饮料都可以吃，当然容易出现甘油三酯上升、糖尿病和高血压的情况了。

女士情绪有点激动，我明白了！我婆婆就是这样，几乎不吃肉，可是白米饭白面条吃得不少，炒素菜油盐又多，确实糖尿病和高血压都得了。可是鱼肉蛋奶都不吃了，要是连各种主食、面点、饼干和零食都不让吃的话，活着还有什么意思啊！饿死算了！

我提示她，为什么不可以换个角度想想呢？如果你不吃各种饼干、零食、点心、饮料，再少吃点精白米面，把有限的热量多留一点给鱼肉蛋奶和坚果不好么？比如说，米饭少吃三分之一碗，换成等量的白斩鸡块，或者清蒸鱼块；零食饼干不吃了，换成一小把核桃仁，这样不就可以继续美食了吗？若没有加油烹调，其实去皮鸡肉或清蒸鱼的热量和米饭差不太多。

她似有所悟，对啊，听起来好像不错！不过这么吃会更容易胖，还是不容易胖呢？

我说，根据国外目前的研究结果，这样吃既不容易发胖，也不容易得"三高"。在控制脂肪摄入量的前提下，适当提高蛋白质食物的比例，减少精白米精白面和甜食甜饮的比例，能让随年龄增长的体重增加速度减慢，也有利于减肥成功。原因之一是蛋白质的"食物热效应"特别高，吃了之后会让身体更多发热，把热量额外消耗掉一部分，而淀粉和脂肪就没有这种效果。原因之二是，如果能保证蛋白质供应充足，减肥时就不容易把肌肉减掉。否则，肌肉一旦减少，基础代谢就下降，容易形成"易胖难瘦"的体质。

　　不过一定要注意，在烹调的时候，不要让蛋白质食物配着很多烹调油和淀粉哦！比如市售快餐中的炸鸡，带着鸡皮，外面还裹了一层吸饱煎炸油的面糊和面包渣，味道超级咸，再加上高脂肪的沙拉酱。用这种菜肴来配主食，无论是面包还是米饭，都不太可能对控制体重和三高有什么好处，你懂的。

素食更要注意营养

近年来，城市居民中兴起了素食风潮。过去的素食者主要是害怕得慢性疾病的中老年人，而如今，在白领女性人群中，素食被当作一种时尚而健康的选择，还有很多人因为环保、信佛、许愿等原因也加入了素食者的队伍。

素食有两种，一种是吃鸡蛋、牛奶的蛋奶素食，也有人吃蛋而不吃乳制品，或者吃乳制品而不吃蛋；另一种是完全不吃动物来源食物的纯素，蛋奶都不吃。

一项在55459名瑞典健康女性中进行的调查表明，素食者的膳食总能量和蛋白质略低于肉食者，但总碳水化合物和膳食纤维显著增加，饱和脂肪显著降低。总体上看，素食者患高血压、心脏病的风险较低，肥胖的危险也比较小。与非素食者相比，甚至与蛋奶素食者相比，纯素食者平均血压和平均体重最低，糖尿病、心脏病等各种慢性病风险都是最小，肠癌、前列腺癌危险也最低。从血液流变学指标上看，红细胞的变形性也比较好，交感神经对心血管的调节能力也较强。由于大量摄入豆类、蔬菜、水果、乳制品和豆制品，营养均衡的素食者较肉食者的骨质疏松风险也比较小。

在一些营养成分和健康成分方面，素食者更有优势，比如钾、镁、钙、维生素C、膳食纤维，以及各种抗氧化物质。但素食并不必然是健康的饮食。只有尽量摄入天然形态的食品、降低加工食品的比例，烹调中控制油脂和糖、盐的量，不过量摄入糖分较高的水果、牛奶、酸奶，不以生的食物为主，素食才具有以上这些健康作用。

素食者最容易缺乏的营养素是铁、锌和维生素B_{12}。这是因为肉类、动物内脏和动物血是铁的最佳来源，而一般素食中的铁较难被人体吸收；锌在动物性食物中含量比较丰富，而且吸收率高；维生素B_{12}则只存在于动物性食品(包括蛋和奶)、菌类食品和发酵食品中，一般素食不含这种维生素。

蛋奶素食者由于摄入奶类，维生素B_{12}缺乏的危险不大，对铁的吸收率却偏低，要注意缺铁性贫血；纯素食者不仅贫血、缺锌的危险较大，而且维生素B_{12}缺乏供应，维生素A和维生素D也几乎没有摄入。

缺乏铁和维生素 B_{12}，造血功能会发生异常，身体会变得衰弱。严重缺乏维生素 B_{12} 会引起神经纤维变性，其相关症状包括精神不振、抑郁、记忆力下降、麻木感、神经质、偏执等，以及多种认知功能障碍，甚至增加患阿尔茨海默病的危险，所以人们常常把维生素 B_{12} 称为"营养神经"的维生素。与男性相比，妇女因每月月经来潮损失数十毫升的铁，膳食中要特别注意铁和维生素 B_{12} 的供应。膳食中缺乏锌则会降低人体抵抗力和伤病的恢复能力，影响人的味觉功能，发生味觉减退甚至异常的问题。

在日常饮食中，素食者要尽量选择富含铁、钙、叶酸、维生素 B_2 等营养素的蔬菜品种，绿叶蔬菜是其中的佼佼者，比如芥蓝、西蓝花、苋菜、菠菜、小油菜、茼蒿等。要增加蛋白质的供应，菇类蔬菜和鲜豆类蔬菜都是上佳选择，如各种蘑菇、毛豆、鲜豌豆等。

此外，蛋奶素食者可以从奶类中获得钙质，补充蛋白质、B族维生素和维生素A、维生素D；纯素食者可以从豆腐中补钙，还可以从添加豆类的主食中获得蛋白质和B族维生素。有研究发现，发酵食品和菌类食品中的维生素 B_{12} 利用率相当低，不足以完全预防铁、锌等微量营养素的缺乏，因此纯素食者一定要专门补充维生素 B_{12}。

除了纯素食者，胃酸不足者特别是萎缩性胃炎患者、有明显消化吸收不良症状的患者，以及消化吸收功能下降的老年人也要注意专门补充维生素 B_{12} 的药片。在一些发达国家，食物中普遍进行了营养强化，专门为素食者配置的营养食品品种繁多，素食者罹患微量营养素缺乏的风险较小。我国的食品工业为素食者考虑很少，营养强化不普遍，因此素食者最好适量补充营养素。

要补充维生素D，素食者还必须增加室外运动，经常照射阳光，靠紫外线作用于皮下组织的7-脱氢胆固醇，人体自行合成维生素D。

第六章　在外吃饭要当心

健康点菜的五大注意事项

有一次，我请我的本科生吃饭，一群男生女生团团围坐。接过递上来的菜谱，我请他们点菜，学生们却是面面相觑，不知从何下手。

我说，请客之时，往往谁都不愿意点菜，因为众口难调，压力太大。你们都是食品专业的学生，将来和别人一起吃饭，一定会有人把这个重担推到你们身上。所以，在毕业之前，最好能学会点一桌营养餐的基本技能。

学生们都频频点头。但是从哪里入手点菜呢？大家问。

我说，好的点菜人需要对各类菜肴和食客两方面都有深入的了解，最好在烹调方面和食物营养方面拥有相当丰富的知识，这些并非一日之功。但营养点菜的入门技术倒也不难，只需记住以下几点即可。

（1）烹调方法是否低脂？煎炸菜肴尽量少些，水煮鱼之类汪着油的菜肴，每餐只点一个过瘾即可。如果可能的话，多点些蒸、煮、炖、凉拌的菜肴，特别是凉菜，应以素食为主，最好选择一两种生拌菜。

（2）食物类别是否多样？把食物划分成肉类、水产类、蛋类、蔬菜类、豆制品类、主食类等。各类食物都有一些，而不是集中于肉类和水产类。在肉类当中，也尽量选择多个品种，猪肉、牛肉、鸡肉、鸭肉等都可以考虑。蔬菜类也分为绿叶蔬菜、橙黄色蔬菜、浅色蔬菜、菌类蔬菜等，尽量增加品种，或选择原料中含有多种食品的菜肴。

（3）有没有足够的蔬菜？鱼肉过多、蔬菜不足，是一般宴席的固有缺陷。其实在生活水平日渐提高的今天，很多蔬菜菜肴更受欢迎。根据我的个人经验，餐桌上剩下来的永远是荤菜，蔬菜通常都是一抢而光的。正因为蔬菜容易吃完，很多人出于怕花钱又好面子的心理，往往愿意点那些低档的肉菜，而不愿意点那些美味的素菜。一般来说，宴席上一荤配两素比较合适。素食应品种繁多，精彩美味；荤菜不在多而在精。这样的一餐能给人留下美好而深刻的印象。

（4）有没有早些上主食？绝大部分宴席都是先上大鱼大肉，之后才考虑是否上主食，这样既不利于蛋白质的利用，又增加了身体的负担，而且不利于控制血脂。为了不影响人们的兴致，可以在凉菜中配一些含有淀粉的品种，在菜肴中搭配有荷叶饼、玉米饼等主食的品种，还可以早点上小吃、粥等食品，既能调剂口味，又能补充淀粉类食物。

说到这里，学生们插了一句话，可惜餐馆中没有粗粮和薯类供应。我说，没错，这正是我们点菜的第五个要点。

（5）有没有粗粮、豆类和薯类？这件事情看起来很难，但也并非不能解决。比如有些凉菜就含有杂粮，如荞麦粉、莜面等。又比如，有些菜肴中含有蒸红薯、蒸紫薯、蒸马铃薯、芋头和玉米。还有一些餐馆供应紫米粥、玉米饼、荞麦面、绿豆面之类小吃。这些都是粗粮的来源。记得少点酥类小吃，它们通常都含有大量的饱和脂肪。

总之，只要我们动动脑筋，其实大部分餐馆都能调配出基本合格的营养餐。

最后我补充了一句：当然也不能忘记，用餐的目标之一是美食。所以，在控制总预算不超标的基础上，一定要有两三个比较出众的品种。比如说，某店的特色菜、特色小吃，或自制招牌饮料。这些食品无须昂贵，只要新鲜可口，就能赢得赞赏。

你的食物搭配错了吗?

一天，在学校的食堂里，我带着几个低年级女生，让她们注意一下用餐学生们面前的餐盘，找出不合理的搭配，然后做个营养评价。

我启发大家说，看看，这边是一份葱油饼搭配一碗玉米粥，那边是一份凉皮加一碗馄饨，一碗酸辣粉加一个烧饼，一碗疙瘩汤加一个馒头，一份米饭搭配一份酸辣炒土豆丝……你们觉得怎么样?

有个女生想了想说，前面几种是有点不合理，因为都是粮食，没有菜肴;可是大米饭配酸辣土豆丝，天经地义啊，一份饭配一份菜，而且很好吃呢。

我解释说，土豆是含有淀粉的，大米饭也含有淀粉。如果把土豆当成主食，那么米饭就应当减量甚至省略。否则，岂不是吃了两份饭而没有蔬菜吗? 和各种新鲜绿叶菜相比，土豆作为菜肴的价值是比较有限的。再说，每天需要有20种以上的食材，最好粮食、豆类、薯类、各类蔬菜、水果、鱼肉蛋奶等都齐全。你们算算，上面的吃法，如果不算上油盐和各种调味品，到底能吃进去几种食材?

这么说了之后，女生们七嘴八舌地分析起来:

米饭+炒土豆丝=大米+土豆;

葱油饼+玉米粥=面粉+玉米;

凉皮+馄饨=洗过的面粉+几根黄瓜丝+没洗过的面粉+一丁点猪肉;

疙瘩汤+馒头=面粉+少量菜叶+面粉。

女生们惊讶地说，不算不知道，算算吓一跳。这些搭配中，一餐只有两三种食材，无论类别还是品种都太单调了。

马上就有聪明的女生接着举一反三，有的女生买了一份烤红薯配一份水果沙拉，没有鱼肉蛋奶豆制品，岂不是严重缺乏蛋白质吗? 还有人买了一碗面条加一勺炸酱卤，也很单调啊! 蔬菜只有几根黄瓜丝，炸酱里也就是几个肥瘦肉丁，蛋白质和蔬菜都不够啊!

另一位女生说，男生也未必吃得对! 有的男生买一份肉包子再加一个鸡腿，一碗牛肉面再加一个卤蛋，没有任何蔬菜水果，岂不是严重缺乏膳食纤维和维生素C吗？

其实，对于没有疾病的年轻人来说，健康的日常饮食搭配不需要太高深的学问，不了解营养素的名词也没关系，只要记住一些基本原则就行了。

原则1：一餐饭中，至少要有主食、蔬菜、优质蛋白食品三类食材。

原则2：主食品种越丰富越好。

最好不要餐餐白米白面，还要常有各种全谷杂粮（糙米、全麦、大麦、燕麦、荞麦、小米、大黄米、高粱、玉米等）、薯类（土豆、山药、芋头、甘薯等）、各种杂豆（红小豆、绿豆、芸豆、扁豆、干豌豆、干蚕豆等）以及莲子、薏米、芡实、藕等富含淀粉的食材。这些食材都可以部分替代米饭馒头面条作为主食。

原则3：一餐最好能吃半斤蔬菜。

蔬菜的品种也要多一些，深绿色、橙黄色、紫黑色、浅绿色和白色的蔬菜，颜色丰富多彩，其中绿叶菜最好能占一半。

原则4：每餐至少有一种优质蛋白质较为丰富的食物，包括肉、蛋、奶、各种河鲜海鲜、黄豆黑豆或大豆制品，总体积大概相当于1～2个鸡蛋。

原则5：食材经常更换种类，不要总盯着一种东西吃。

比如，即便鸡肉不错，也不能天天只吃鸡肉；鱼虽然很好，但也不能完全替代奶和蛋的作用。又比如说，虽然菠菜营养价值很高，但也不必天天吃，可以换成小白菜、小油菜、茼蒿、芥蓝、木耳菜等其他绿叶菜。

原则6：尽量远离高度加工的食物。

比如说，面筋、粉条之类，在加工中把粮食的蛋白质和维生素都洗掉了，营养价值比面粉低多了；又比如说，油条在油炸的时候不仅吸入了大量脂肪，还损失掉了绝大部分B族维生素。甜饮料甜点心都不是值得选择的日常品种，只能偶尔食之。

过了两个月再遇到她们，女生们说，上次食堂调查之后，我们都反思了自己日常的饮食，考虑吃什么的时候也不那么任性了。除了饭菜，我们还买来酸奶、水果和坚果做补充呢，食材的品种多起来了，人也觉得越来越有精神了！

吃食堂，怎样避免营养不良？

某日我在学校食堂吃午饭，顺便看看周围的女生们都吃什么。

身边坐的女生A面前放了很多食物：蒸红薯+蒸紫薯1盘，南瓜大米粥1碗，水果沙拉1盘，油很多的红烧茄子+红烧土豆1盘。

对面的女生B吃的是1盘炒饼，1碗南瓜粥，还有半份炒圆白菜+半份炒莴笋丝。

后面的女生C，吃的是一碗米饭，半份炒土豆泥，半份肉末炒豇豆。女生D则捧着一大碗面条，上面有少量番茄鸡蛋卤子。

我摇了摇头。都这么吃，也难怪女生们的脸色都有点暗淡，既不光泽也不红润。

忍不住对同桌的两个女生说，同学，抱歉打扰一下，你们平时吃饭时，会不会考虑营养够不够的问题呢？

女生们有点惊讶地看着我，一时不知怎么回答。其中女生A说，老师，您觉得我们现在吃的东西，营养还不够吗？吃的有什么不正常吗？

我回答说，你们这一餐，看起来挺正常的，热量是够了，但只有碳水化合物和脂肪，优质蛋白质还是不够啊。

她们说，那会有什么坏处吗？

我说，这样吃，碳水化合物很充足，脂肪也不缺，暂时倒是不至于有什么大问题。但是，因为蛋白质营养不良的缘故，人会容易胖，体脂高，肌肉力量不足。吃完饭容易犯困，餐前容易饿，两餐之间容易想念各种零食。

女生B不好意思地说，我确实是饭后有点困，饭前有点饿，爱吃零食。您怎么会知道的？

我说，这里面有科学道理啊。我是教营养课的老师，所以我知道。

女生A赶紧问，老师，我是容易胖的体质，是不是少吃点饭就能减肥呢？你看我现在都不吃米饭，改成喝南瓜粥，吃蒸红薯蒸紫薯了。

我看看她，的确是体脂偏高的样子。我解释说：一大碗粥，按这个稠度大概有30克米。蒸红薯和蒸紫薯一盘按180克算大概折算45克米，还有土豆呢，按100克算，折合25克米。最后是100克米，和吃一碗（二两）米饭相当，是一个女生正常的主食量，倒也不算多。再加上水果沙拉、烧茄子和炒菜油，估计还不能有效减肥。不过能够得到很多膳食纤维，对预防便秘很有好处。

女生A问，如果我少吃一半，是不是就能减肥呢？

我说，按你这种吃法，鱼肉蛋豆制品都没有，蛋白质相当不足，铁和锌也不足。吃饱了还容易贫血。如果减肥时再减少饭量，营养供应就更不够了，时间长了之后，大姨妈就很容易出走。

女生B赶紧问，我这个吃法呢？会不会发胖？

我说，炒饼是面粉加入很多油做出来的，一盘炒饼热量比一盘蒸红薯、蒸紫薯明显高得多，膳食纤维却明显少得多。炒莴笋丝和炒圆白菜本身倒是没有问题，但没有鱼、肉、蛋，也没有豆制品，蛋白质的数量和质量也是不够的。你们两份午餐，如果能再加一份蛋白质丰富的菜就好了。比如说，女生A把烧茄子换成青椒炒豆腐千张，再把烧土豆换成番茄炒蛋，就会好些。把南瓜粥换成一杯豆浆也有帮助。晚上最好再要一份含有肉或鱼的菜。现在牛肉羊肉确实太贵（我很久没在食堂吃到红烧牛肉之类的菜了，除了在号称"酸汤肥牛"的炖菜里有时能发现几片薄薄的肥牛片），但豆腐、鸡蛋、鸡肉作为优质蛋白的来源，还是很便宜的啊，食堂也经常有这些食材。酱牛肉、卤鸡心等食物也能在熟食窗口买到。

此外，在下午最好能有一份加餐。既然知道自己晚餐之前会饿，就要提前吃东西预防饥饿。建议加酸奶或牛奶，方便又有营养。不要乱吃饼干、锅巴、膨化食品之类，除了发胖对身体没什么用处。

女生B问，我有点贫血，怎么吃会好点呢？早晚喝点红枣姜茶可以吗？

我说，你喝这些都可以，不过最重要的事是把三餐吃好。建议中午和晚上都吃一份肉。没有牛羊肉，吃瘦猪肉和鸡肉也有帮助。特别是鸡心，价格并不贵，含蛋白质和血红素铁都很丰富，对预防贫血是有好处的。有时候菜里还能看到猪血，也是预防贫血的食材。

女生B又问，吃这些不会发胖吗？

我说，你这样的情况，以前吃的碳水化合物比例太大，蛋白质不足。如果你适当地减一些主食，比如把那碗粥改成热量极低的免费米汤，然后加一个熟食窗口的鸡腿，反而会变苗条。增加肉类可以有助于抑制主食的血糖反应，加上运动还可以提升代谢率。虽然体重可能会有所增加，但体型却会变好。这是因为肌肉比重大，即便增重，还是会让你的身材紧实而有曲线，而且你会发现脸色和头发质量都变好！

女生C和D的吃法也不合适。女生C吃了半份炒土豆泥，该减一些米饭。如果在肉末豆角之外，再加半份小油菜、半份炒豆腐，就更好了。

特别值得提醒的是女生D，她这一大碗面条配少量卤子的吃法，不仅会缺乏蛋白质，还会缺乏新鲜蔬菜，造成多种营养素供应不足。面条里加了盐，汤还特别咸，吃盐会过量。如果长年累月这么吃下去，将来患高血压和中风的危险还会加大。不如让师傅少放点超级咸的卤子汁，另外买一份荤素菜肴配着面条吃（学校食堂菜肴的咸度，往往和面条卤差不多）。至少可以加个煮蛋，加些豆腐，这些在凉拌菜窗口都有供应。

无论哪天，只要到食堂餐桌区放眼一望，营养搭配合理的学生比例甚少。我们可爱的九零后，比长辈更懂得追求生活质量，高度爱惜皮肤，特别注意身材，舍得花钱购买护肤品、美容品，却往往不知自己应当如何吃好三餐。其实趁着年轻把营养管理好，身体活力和皮肤状态都是很容易提升的哦！

下餐馆要防住三件大事

餐馆的环境卫生容易看出来，菜里的不安全因素就难看透了。这里就借您一双慧眼，大家一起行动，把餐馆食品的三大安全隐患看个清清楚楚！

第一件大事，一定要防住地沟油。

所谓地沟油，未必是地沟里捞出来的油，在厨房里炸了又炸的油，或剩菜回收利用的油，其实都属于地沟油的范畴。地沟油中的有毒致癌物质会不断积累，反式脂肪酸含量越来越高，对身体有用的成分越来越少，还会促进发胖、脂肪肝、高血压、心血管损伤等等的发生！

招数一：看菜单

如果是用油炸、油煎法制作的菜，或看到干锅、干煸、香酥等字样，说明菜肴的烹调需要大量的油或者需要油炸处理。这些油不太可能是第一次用，即便不属于口水油或地沟油，质量也好不了太多。高温加热会让油脂发生反式异构、聚合、环化、裂解等变化，相比而言，蒸、煮、炖、白灼、凉拌等烹调方式对油脂的品质影响小，而且无须反复加热烹调油，不容易带来地沟油的麻烦。

招数二：查口感

尝尝菜的口感，就知道油的新鲜度怎么样。新鲜合格的液体植物油是滑爽而容易流动的，即便油多，也绝无油腻之感。在水里涮一下，也比较容易涮掉。反复使用的劣质油黏度上升，口感黏而腻，吃起来没有清爽感，甚至在热水中都很难涮掉。

招数三：观剩菜

菜打包回家之后，放在冰箱里，过几个小时取出来。如果油脂已经凝固或半凝固，说明油脂质量低劣，反式脂肪酸和饱和脂肪酸含量高，很可能是多次加热的油甚至地沟油。如果是这样，剩菜不如扔掉，这样的餐馆也不要再去第二次。

第二件大事是防住亚硝酸盐。

国外研究证实，多吃用亚硝酸盐腌过的肉会增加多种癌症的危险，包括肠癌、食道癌、肺癌、肝癌，还有乳腺癌。虽然现在一些大城市已经禁止餐饮店直接食用亚硝酸盐，但小城市和农村地区对亚硝酸盐的管理还不够严，餐馆食物和路边摊食物中亚硝酸钠超标的情况仍不罕见。如果厨师加多了或者把亚硝酸盐误当食盐加进去，还有急性中毒的危险！

招数一：看颜色

生牛肉、生猪肉是红色的，加热之后自然变成褐色或淡褐色。而用了亚硝酸盐的肉，做熟之后都是粉红色的。加酱油或红曲也能让熟肉发红，但它们的颜色只在表面上，且颜色比较深。亚硝酸盐发色的肉呈火腿的粉红色，娇艳美丽而且内外颜色均匀。

招数二：查口感

现在餐馆做出来的肉特嫩，牛肉软得和豆腐差不多，这都是"嫩肉粉"的功劳。如今的嫩肉粉几乎都含亚硝酸盐，个别品种亚硝酸盐含量大大超标，还含有多种"保水剂"。所以，相比而言，能吃出肉丝的感觉反而说明没有加嫩肉粉，比较"天然"。

除了亚硝酸盐，嫩肉粉中还有小苏打、磷酸盐等辅助配料。小苏打会破坏肉里面的维生素，而磷酸盐和可乐一样，会妨碍钙、铁、锌等多种营养元素的吸收。嫩肉粉中的木瓜蛋白酶和淀粉倒是没什么害处。所以，嫩肉粉不用最好，嫩得不正常的肉最好别吃。

招数三：品风味

亚硝酸盐能发色，能防腐，多加一些能让普通的肉产生类似腊肉的鲜美风味，有些人对这种味道特别着迷，但用健康作为美食的代价，也太不合算了吧。

第三件大事，就是原料的新鲜度和优质度。

餐馆的原料通常会比家里的原料低一个档次，污染程度怎么样，新鲜程度怎么样，是否来源于规范渠道，是否有QS标志，顾客很难控制，甚至难以知晓。所以，要特别注意观察菜肴的状态，从中获取原料质量的信息。

招数一：查口感

现在餐馆都非常善于把低档原料做出高档原料的感觉，比如用嫩肉粉可以把老牛肉变成小牛肉，把老母猪肉变成高档肉，还能让肉充分吸水，把一斤肉当成一斤半肉来用。人们常常发现，水煮牛肉的肉不仅颜色粉红、异常柔软，而且膨大异常，形状扭曲，看不出是片还是块。其实，这样的肉，通常并不是上好的肉，好牛肉是舍不得这么做的。在吃辣子鸡丁、回锅肉等菜的时候，我们会发现肉片或肉丁经过油炸已经基本变干，甚至发脆。这样的肉，通常也不是新鲜的肉，而是因为缺乏香味甚至有异味，特意深度油炸，让它产生焦香，掩盖异味。

招数二：辨滋味

点菜的时候，尽量选择调味比较清淡的菜肴，原料的安全最有保障。这是因为在调味比较清淡的时候，原料的任何不良味道都会暴露出来。如果菜肴中加入大量的辣椒、花椒和其他各种香辛料，或者加入大量的糖和盐，就会让味蕾受到强烈刺激，很难体会出原料的新鲜度，甚至无法发现原料是否已经有了异味。

为什么麻辣味、香辣味食品能大行其道？这就是其中的原因：一是迎合了人们追求刺激的本性；二是店家可以利用浓重的调味来掩盖低质量原料的真相，从而降低原料成本，用低价打开市场。所以，越是味道浓重的食品，越要认真品味其中的本味，避免被劣质原料危害。

招数三：嗅风味

对于各种凉菜、主食、点心和自制饮料，也要提高警惕。如果用了反复加热的炒菜油，不仅能吃出油腻感，还能吃出不清爽的风味来。如果点心或凉菜里加入了已经氧化酸败的花生、花生碎或芝麻酱，就能嗅出"哈喇味"来。如果使用了陈年的黄豆，打出来的豆浆会有不新鲜的风味。如果用了久放或发霉的原料，煮出来的粥也会带上相应的不良风味，一定要仔细品味。

如果发现餐馆不符合以上要求——一定要提出强烈抗议！如果大家都保持沉默或者只是私下嘀咕，就是对劣质产品和无良店家的纵容。消费者的监督能让餐馆有自律的动力，我们在外饮食才更加安全。

此外，宴席上的食物看起来虽然极其丰盛，却存在着严重的营养不平衡问题：荤食多、素食少；菜肴多、主食少；缺乏粗粮薯类，油脂用量惊人，还要饮用大量酒和甜饮料。这种状况会造成蛋白质、脂肪过剩，许多维生素、矿物质和膳食纤维缺乏。频繁在外就餐可能带来肥胖、心脑血管疾病、糖尿病、脂肪肝、胃病、肝病、肠癌等不良后果。

所以，应减少饮宴的频度，每周下馆子不超过3次，高度酒不超过1次，注意不要劝酒灌酒，避免空腹饮酒，不要吃连席。因工作需要经常宴饮的人应当定期检查身体，尤其是40岁之后要每年检查，及时发现慢性疾病，以便调整饮食和生活起居习惯，避免疾病的发展恶化。

@ 范志红_原创营养信息

如果经常有人对不正常的颜色抗议，店家以后就不会再染色了，他们是以为顾客喜欢这种卖相才染色的。每个人都前怕狼后怕虎，以为忍气吞声最安全，社会就难有正气，最终自己受害。你可以不要求换菜，直接要求退款，这样不会遭受什么损失。但一定要记得抗议，要让他们知道你为什么以后不再去。否则你不去了，店家不知道是为什么，就不会有什么进步。进步是靠消费者推动的，不要指望生产者主动进步。

美味火锅的五种伤胃吃法

天冷之后，火锅店的生意就越来越火爆，热腾又鲜美的食物最能带来温暖的幸福感。

新鲜的食材，新鲜出锅的食物，涮锅可以说是加工环节最少的一种烹调方法。只要原料质量有保障，火锅确实是个相当健康的吃法。不过，这么好的健康美食，居然也有麻烦。媒体曾报道，有些人居然因为吃火锅把胃吃坏了！

怎样吃火锅会伤胃？仔细想想，大概包括以下5种吃法。

吃法一：吃完热腾腾的火锅，再来根雪糕，体验冰火两重天的刺激。

解释：吃完火锅，胃里已经塞满了食物，负担沉重。这时候需要集中精力，加强胃部血液循环，使它能更好地混合、磨碎食物，还需要分泌大量消化液，以利于消化及小肠吸收。再吃一根雪糕的话，胃部血管就会收缩，蠕动会减弱，消化液也会分泌减少，同时温度下降，消化酶活性下降。这不是和自己的胃过不去吗？消化功能强的人还可以忍受，消化功能差的人根本扛不住这种刺激，结果出现消化不良、胃胀、胃痛、腹胀、腹泻等各种不良后果，又是甚至三两天都缓不过来。

除了雪糕之外，食用餐后的冰果盘也不值得提倡。

吃法二：一边吃肥牛肥羊，一边大喝冰镇啤酒，求爽快。

解释：这种吃法和上面提到的一样，都会降低胃肠的消化能力。在吃肥牛肥羊的时候，这种问题更为突出。这是因为，牛羊的脂肪都属于高度饱和的脂肪。它们在室温下是很硬的硬块，在体温状态下也不能变成液态——只要看看羊油、牛油、黄油平常是什么硬度就知道了。热吃牛羊肉的时候还好，如果特意加冰镇啤酒到胃里，这些脂肪就可能凝固成块。对于这些成硬块的脂肪，人体脂肪酶和胆汁会相当为难，没法把它高效混合成均匀的乳糜状态，消化率自然大大下降。如果本身消化功能就不够强健，这种吃法也容易导致上述各种消化不良的结果。

此外，一些没有充分消化的食物成分一旦从伤损的消化道进入血液，还可能造成食物不耐受反应，引发多方面不适。

吃法三：吃麻辣红油火锅，再喝大量白酒。

为了追求辣得全身冒汗的刺激，很多人都喜欢吃浓辣的火锅。但在北方干燥气候下，吃辣本身就不健康。过浓的辣味会造成消化道的过度充血，对于那些本来有胃炎、胃溃疡的人伤害更大，还有些人吃了辣味食物之后发生腹泻。如果此时再喝严重伤胃的白酒，让可怜的胃同时面临几种考验，后果可想而知。酒精会破坏胃表面的黏液保护层，并让胃壁蛋白质受损，产生一种类似"烫伤"的效果。有人甚至因此吃出胃出血，最后住进医院。

为一时的口腹刺激，连命都不要了，古人所说的"以身殉食"，大概就是这种感觉吧……

吃法四：爱吃烫食，特别是厚厚一层油的烫食。

人的消化道是由黏膜和肌肉等组织构成的，它们的细腻娇嫩更甚于我们所涮食的羊肉。人们亲眼看到，红红的羊肉片，放进火锅当中，瞬间就变成了褐色的熟肉。这是因为，动物体内的蛋白质在60℃以上的温度下会快速发生变性，也就是说，不再有原来的结构状态和生理活性。可是，把滚烫的食物送进嘴里，送进食道，我们身体上的黏膜和肌肉不是一样受到高温的炙烤吗？它们同样会受到伤害而局部变性。虽然身体消化道的修复能力惊人，但连续一个小时的炙烫，还是会让它们损伤严重，甚至留下致癌隐患。

如果吃清汤火锅，严重烫伤的危险还小一点，因为薄薄的肉片会在空气中快速降温。但如果汤表面有厚厚一层油，那就麻烦了。人们都知道"过桥米线"的油层具有极好的保温性，使食物的温度很难下降，烫伤消化道的危险就会大大增加。四川火锅用香油小料，正是为了让高温食物中的热量很快扩散到油碗当中，同时通过香油的润滑作用，缩短食物与食道接触的时间。即便如此，烫食仍不值得提倡。当然，香油小料中的油盐也要控制好。

吃法五：贪食肥美，蔬菜主食均高油。

在一餐当中，本应有荤有素，有淀粉类主食。但是吃火锅的时候，人们往往会比例失调，大量吃鱼肉海鲜，蔬菜比例却很少，主食可有可无，而且通常都是放在最后吃，难免质地油腻。涮羊肉店中的标准主食是烧饼，特别是高脂肪的油炸烧饼，此外还供应可以涮食的绿豆面条。面条本来很好，但总是涮肉之后才放，在煮的过程中会饱吸汤中的羊油，变成高脂肪食品。各种蔬菜也总是在肉快要吃完的时候才放，把汤中的肥油再卷入口中。特别是吃红油火锅的时候，蔬菜会卷裹大量辛辣红油。

对于平日很少吃大量饱和脂肪的人来说，容易感到胃不堪重负。假如吃得过量，蛋白质和脂肪太多，再喝些酒，还容易造成胰腺炎。

尽管以上危险均为老生常谈，但总有人不当回事，给自己的消化系统带来麻烦。以下是涮火锅时的8大注意事项：

（1）北方地区涮锅提倡用清汤，既健康，又安全；

（2）吃辣味火锅时最好不要喝白酒，喝啤酒的话，要选择常温的；

（3）开始涮锅时就放点土豆片、山药片、红薯片等进锅里，8～10分钟后就熟了。尽早吃点淀粉类食物有利于保护胃肠；

（4）多点新鲜蔬菜，可以减少亚硝酸盐合成亚硝胺类致癌物的危险。蔬菜不宜久煮，并且要早点放蔬菜下锅，不要等到肉涮完之后。如果汤内有大量浮油，先去掉大部分浮油再放蔬菜；如果是鸳鸯锅，把蔬菜放到白汤中涮；

（5）把滚烫的食物先放在盘子里凉一下，或放在蘸料中充分浸一下，降低温度后再吃；

（6）吃七分饱就停下来，宁可剩下也不能伤自己的胃；

（7）饱餐火锅后尽量不吃任何冷饮和其他冷食；

（8）吃了涮肉之后，下一餐一定要清淡一些，多吃粗粮、豆类、蔬菜，尽量补充有利于预防癌症的膳食纤维、维生素C和抗氧化保健成分。

此外，还有些人喜欢喝火锅汤。火锅汤除了含有让痛风病人担心的嘌呤类物质，还含有亚硝酸盐和亚硝胺类。如果一定要喝火锅汤，就要注意以下三点。

（1）不同汤底类型，在涮锅之后的亚硝酸盐含量差异很大。本身富含亚硝酸盐的酸菜和海鲜做底汤时，亚硝酸盐含量特别高。相比而言，清汤、骨头汤、鸳鸯汤等比较安全；

（2）涮锅的食品不同，涮锅后汤的危险性也不同。涮酸菜、海鲜类高亚硝酸盐的食品之后，喝汤时应更加小心；

（3）如果要喝汤，不宜在涮锅结束的时候喝，在涮锅开始之后半小时内喝最放心。

喝酒前吃什么好？

有一次和毕业学生聚会，有位同学问，由于工作需要不得不经常喝酒，虽然不算胖，却已经轻度脂肪肝了，到了年尾，饭局更多。酒后吃点什么有用呢？吃水果行吗？喝醋行吗？

这是个相当普遍的问题了，也是很多国人为之烦恼的问题。酒精有毒，多饮有害，人人皆知。为什么还非喝不可呢？

一个现代社会的国民，从小就应当得到教育，要爱惜自己的身体。这样孩子们长大之后既不会暴饮，也不会暴食，既不会给别人灌酒，也不会因为别人的要求而勉强自己多喝酒。一些国人从小没有受到爱身体、护健康的教育，所以经常会为了个人欲望而虐己虐人，危害健康。或许，只有超越社会主义初级阶段之后，大众才会从贫困时代的理念逐渐转变到发达社会的理念。

我说，古人云"预则立，不预则废"，曲突徙薪的故事知道吧？与其考虑喝了之后吃什么，还不如考虑喝酒之前吃什么。

喝酒之前吃点东西，一则能够在胃里形成一些保护，减少对胃壁的刺激；二则使酒精和食物混合在一起，能降低它的浓度，延缓酒精的吸收；三则可以摄入酒精代谢所必需的营养物质。具体吃什么好呢？

这就要想一想，什么东西在胃里停留时间较长；什么东西能与酒精结合，延缓对酒精的吸收；什么成分是酒精解毒过程中所需要的。如此，就可以列出一些饮酒前适合吃的食物。

——奶类和豆浆等蛋白质饮料。特别是酸奶，质地黏稠，往往还加入了植物胶增稠剂，在胃中停留时间较长，有利于稀释酒精、延缓吸收。乳饮料虽然营养价值远不如牛奶和酸奶，但其中含有增稠剂，也有一定保护胃黏膜的作用。这些食品喝起来方便，准备起来也方便，喝酒的间隙还可以名正言顺地继续喝。

——富含果胶的水果和蔬菜，比如山楂、苹果、菜花、南瓜之类。这类食品要多吃一些才行，其中的果胶也有延缓食物成分吸收的作用，而且这些食品水分也较大，能帮助稀释酒精。由于它们热量很低，多吃一些也无须担心肥胖问题。

——富含淀粉的食物。淀粉类大分子能与酒精发生结合，也能延缓酒精的吸收。富含直链淀粉的食物更为理想，比如豆类食品。这是因为酒精能够钻进淀粉分子的螺旋当中，形成"包合物"。

——富含B族维生素的食物，如不油腻的动物内脏、粗粮、奶类、蛋黄、菇类等。必要时可以口服复合维生素B片，对身体有益无害。酒精在肝脏中的代谢需要它们的帮助。这种小药片所有药店都有售，人民币3元左右100片，提前吃两粒很方便。

很多人认为吃肥肉有助于防醉酒，这种观点有一定道理，但不值得提倡。的确，动物脂肪很腻，它们在胃里形成膜之后，对于酒精的吸收有一定的延缓作用，加上蛋白质的保护作用就更有效了。有人认为吃含有胶原蛋白和脂肪的肘子皮等能防醉酒，就是这样的道理。植物油的作用就差一些，因为它们的流动性好，形成保护膜的能力较低，但长期摄入酒精本来就容易导致脂肪肝，食用过量的脂肪就更不利于健康了，故而不提倡为了防醉酒多吃肥肉。要想让植物性脂肪延缓酒精吸收也是可以的，但需要让它和酒精混合成乳化状态，把酒精包裹起来，最好同时吃一些富含卵磷脂的食物，如肝脏、蛋黄等，但它们的胆固醇含量又太高了。

也有人说酸和醇结合能形成酯，所以喝醋可以解酒。但这个反应在体温条件下的反应速度非常慢，起不到明显作用。只有将酒和醋烹在炒菜锅中，才会有快速的酯化反应而产生香气。

无论如何，要尽量避免空腹饮酒，避免饮酒过快过多。酒桌上逞强、装豪迈是没有意义的，只能招来更多的健康伤害。尽量慢一点喝，分小口咽下，可能的话，喝完酒马上再喝点乳饮料之类稀释酒精。饮酒的同时要正常吃饭菜，不要喝咖啡、可乐、提神饮料等，以免加大肝脏负担。

喝多了酒之后，应及时吐掉，减少对胃的伤害，千万不要为面子而忍着。第二天应当喝粥，吃蔬菜水果，不要再吃高蛋白高脂肪食物，更不要连续饮酒。

酒精伤胃、伤肝、伤心脏、伤大脑，对生殖细胞害处也很大，特别是还没有生育的男人，更要为了下一代的健康而好好保护身体啊！

@ 范志红_原创营养信息

可能有益健康的饮酒量：白酒不超过1两，红酒2两，啤酒半瓶。不喝醉也不等于不受害，女性比男性更容易受到酒精的伤害。过度饮酒导致的麻烦太多了，从胃病、肝病到胰腺炎，从心脏病、中风到痛风发作，从营养不良到智力下降，从性功能障碍到新生儿先天缺陷……

出版后记

随着生活节奏的加快，许多都市人已习惯将美食作为疏解高压的一种方式，却忽视了大鱼大肉、麻辣鲜香背后的健康隐患；花样百出的广告则诱惑不少年轻人拿甜饮料当水喝、拿快餐当三餐的生活，还自诩为时尚；还有人因为无知，轻易就被谣言、迷信误导，陷入饮食误区，与追求健康的目标背道而驰。

多年来，范志红老师一直在努力倡导健康生活理念，通过电视、博客、微博等平台传播营养知识。在营养教育尚未普及的当下，范老师的工作非常重要。在细碎的、片段化的知识之外，我们认为很有必要适时总结核心观点，所以策划了这么一本书，希望能全面总结范老师在饮食健康和营养方面的核心观点，比如"营养比安全重要""营养是可控的，保障了营养，饮食就更安全"等，同时收录范老师的最新研究成果，力图为读者奉上一个扎实、精练、贴近大众生活的日常饮食指南。

本书在2012年的版本上进行了全新的修订，范老师根据时下的健康状态对内容进行了调整，以适应当下的国民健康形势。全书围绕"营养"这一主题展开，从选择食物、安排饮食结构、烹饪、储藏、人群营养、在外吃饭注意事项等角度切入，一一阐述保障营养、吃出健康的方法，还收录了范老师的部分微博和博客留言问答，以提供更为实际具体的建议。书中的文字风格延续了范老师一贯的平实亲和、明晰生动，为增强阅读的便利和舒适度，我们还精心设计了版式。

在普及营养知识的同时，范老师其实也在宣示一种积极向上的健康生活态度。她的身体力行，给了许多人信心。相信只要行动起来，"管住嘴，迈开腿"，每个人就都有希望改善自己和家人的健康状况。

我们很荣幸能为范老师的无私工作出一份微薄之力，希望本书对关注饮食、渴望健康的读者有所助益。

服务热线：133-6631-2326 139-1140-1220

服务信箱：reader@hinabook.com

后浪出版咨询（北京）有限责任公司

2017年6月

图书在版编目（CIP）数据

让家人吃出健康：自己打造食品安全小环境 / 范志

红著. -- 北京：北京联合出版公司，2017.10（2020.6重印）

ISBN 978-7-5502-8983-3

Ⅰ.①让… Ⅱ.①范… Ⅲ.①食品安全②食品营养

Ⅳ.①TS201.6②R151.3

中国版本图书馆CIP数据核字(2016)第262952号

让家人吃出健康：自己打造食品安全小环境

著　　者：范志红
选题策划：后浪出版公司
出版统筹：吴兴元
特约编辑：罗炎秀　李婉莹
责任编辑：孙志文
营销推广：ONEBOOK
装帧制造：墨白空间·张静涵

北京联合出版公司出版

（北京市西城区德外大街83号楼9层　100088）

北京盛通印刷股份有限公司印刷　新华书店经销

字数214千字　720毫米×1030毫米　1/16　15.5印张　插页6

2017年10月第1版　2020年6月第4次印刷

ISBN 978-7-5502-8983-3

定价：49.80元
